中小学教师Office 高效办公技能

胡志伟　罗永刚　◎　编著

西南交通大学出版社
·成　都·

图书在版编目（CIP）数据

中小学教师 Office 高效办公技能 / 胡志伟，罗永刚
编著. —成都：西南交通大学出版社，2023.3
ISBN 978-7-5643-9198-0

Ⅰ. ①中… Ⅱ. ①胡… ②罗… Ⅲ. ①办公自动化 –
应用软件 – 教师培训 – 教材 Ⅳ. ①TP317.1

中国国家版本馆 CIP 数据核字（2023）第 040710 号

Zhongxiaoxue Jiaoshi Office Gaoxiao Bangong Jineng

中小学教师 Office 高效办公技能

胡志伟　　罗永刚　　**编著**

责任编辑	李华宇
封面设计	原谋书装

出版发行	西南交通大学出版社
	（四川省成都市金牛区二环路北一段 111 号
	西南交通大学创新大厦 21 楼）
邮政编码	610031
发行部电话	028-87600564　　028-87600533
网址	http://www.xnjdcbs.com
印刷	四川煤田地质制图印务有限责任公司

成品尺寸	185 mm×260 mm
印张	13.75
字数	316 千
版次	2023 年 3 月第 1 版
印次	2023 年 3 月第 1 次
定价	75.00 元
书号	ISBN 978-7-5643-9198-0

课件咨询电话：028-81435775

前 言
PREFACE

虽然每个中小学教师都会使用 Excel、Word、PPT，但很多习以为常的操作其实是"笨"方法，而很多"烦琐工作"也是有"高效方法"的。"99%的人只用到了计算机不到 5%的功能"这句话好像有些夸张，却真实反映了人们使用计算机的情况。

本书包含 Excel、Word、PPT 三部分内容，主要精选了绝大多数中小学教师和管理人员"以前不知道、学了用得上、容易学得会"的高效技术，让读者通过短暂时间的学习，便能有效提高工作效率，并逐渐培养读者"学以致用、用以促学"的学习意识与学习能力。书中内容是 Microsoft Office 2010 以上版本的通用功能，演示使用的是 Microsoft Office 2016 或 Microsoft Office 2019 版本。

本书特色

内容精准：本书的知识点主要是选择大多数中小学教师平时不知道，但又很实用、很易学的内容。不实用和难度较大的内容太多，读者学习的信心和兴趣势必受到影响，学习效率也必然大打折扣。

案例实用：本书所有知识点的案例都尽可能地选择中小学教师或管理人员工作中常用的素材进行加工，学到的每个知识点都可以轻松地在平时的工作中直接进行应用，可显著提高学习效率和工作效率。

讲解易懂：本书所有知识点的讲解方式浅显易懂，选择关键的内容、通俗的语言结合经典的实例进行讲解，让读者能触类旁通，学以致用。

特别感谢

感谢泸县教师进修学校唐明友书记、周洪校长、周佐能副校长、罗永刚副校长、田芳主任等对本书编写工作的不断鼓励和大力支持。感谢泸县毗卢镇熊安才、云锦镇李世江、太伏镇彭玉梅等为本书编写提供了丰富的中小学教师和管理人员日常办公文件素材，让本书示例内容更具针对性和实用性。感谢泸县2020年新入职教师国培班级的学员们积极参与本书的编写研讨，特别是以下学员还积极报名并根据分工安排参与了不同内容的深入学习和投稿，他（她）们是：蒋佳沛、陈菲、黄星、李富杰、梁艺、李睿、张濒、雷茜、魏攀、胡蝶、罗张艳、周艳、黄碧花、钱浪梅、刘橙、王乾利、杨飞、杨斌、朱由芳、陶永森、冯小利、胡梅、吴艳廷、刁利娟、胡爽、张叶、刘超、杜应霞、郑光琴、胡顺、彭江兰、马超、徐晓凤、黄得平等。感谢四川省郭斌名师工作室泸县胡志伟工作站的5名成员积极参与后期的图片编辑工作，他（她）们是：谢锦欣、伍成伟、徐云川、陈杰、陈胜斌。

读者对象

本书面向的读者不仅是中小学教师和管理人员，也包括具有一定 Office 办公应用基础的大中小学的学生及各类机关企事业单位的办公人员。

本书的编写参考了诸多相关资料，在此对原作者表示衷心的感谢。限于个人水平和时间仓促，书中难免存在疏漏之处，欢迎读者批评指正。

作者
2023 年 3 月

扫码下载本书案例文档

目　录
CONTENTS

X 第1篇　Excel

第2篇　Word

第 3 篇 PowerPoint

第 1 篇 Excel

很多教师使用 Excel 电子表格统计数据有十多年甚至二十多年了，基本上都只会用最常见的求和、求平均值、计数、条件计数等函数对整个表格进行统计。若要统计本校某年级各个班体质健康测试的成绩，就要把全年级的成绩表按班级拆分成多个表格，然后逐一统计各个班级的成绩，再将统计结果合并到一起；若要统计本镇各个学校体质健康测试的成绩，就要把全镇的成绩表按学校拆分成多个表格，然后逐一统计各个学校的成绩，再将统计结果合并到一起。

Excel 电子表格的统计功能非常强大，不少烦琐的操作其实往往都对应有简便的操作方法。本篇将重点为读者介绍两种特别简单、快捷的方法，实现在一个表中直接统计每所学校或每个班级的各项成绩。

第 1 章
Excel 数据统计基础

使用任何一款软件都离不开最为基础的操作，真正的高手都是用最简单、最基础的方法来完成复杂的操作，绝不走弯路。Excel 强大的数据分析和处理功能，离不开公式与函数的使用，要熟练应用公式与函数来处理和计算工作中的数据，必须要掌握一些基础知识，如公式与函数的概念和基本操作，单元格地址和相对引用、绝对引用，定义名称和应用定义名称编辑函数等。本章旨在帮助读者夯实基础，练成最实用、最巧妙的"绝招"。

1.1 公式与函数

1.1.1 公 式

公式是指在工作表中对数据进行分析计算的算式，可进行加、减、乘、除等运算，也可在公式中使用函数，公式要以等号（=）开始。

如图 1-1 所示，在 J4 单元格中输入公式"=F4+G4+H4+I4"，然后按回车键，可以计算黄锦沛同学体质健康测试四个项目的总分。

图 1-1 用公式求总分[①]

---

① 特别说明：本书中出现的人名等信息纯属虚构。

如图 1-2 所示，在 F4 单元格中输入公式"=E4/C4"，然后按回车键，可以计算 1.01 班肺活量体质健康测试的优秀率。

在 H4 单元格中输入公式"=G4/C4"，然后按回车键，可以计算 1.01 班肺活量体质健康测试的良好率。

在 J4 单元格中输入公式"=I4/C4"，然后按回车键，可以计算 1.01 班肺活量体质健康测试的及格率。

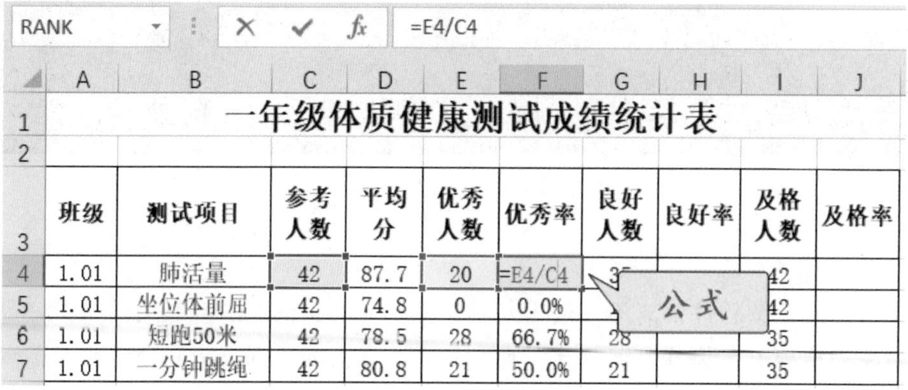

| RANK | ✗ ✓ fx | =E4/C4 |

	A	B	C	D	E	F	G	H	I	J
1	一年级体质健康测试成绩统计表									
2										
3	班级	测试项目	参考人数	平均分	优秀人数	优秀率	良好人数	良好率	及格人数	及格率
4	1.01	肺活量	42	87.7	20	=E4/C4	35		42	
5	1.01	坐位体前屈	42	74.8	0	0.0%			42	
6	1.01	短跑50米	42	78.5	28	66.7%	28		35	
7	1.01	一分钟跳绳	42	80.8	21	50.0%	21		35	

公式

图 1-2　用公式求优秀率

1.1.2　函　数

函数是预先编制的用于对数据求值计算的公式，包括数学、三角、统计、财务、时期及时间等函数。

如图 1-3 所示，在 E11 单元格中输入函数"=AVERAGE(E4:E9)"，然后按回车键，可以计算 1.01 班肺活量体质健康测试的平均分。

	A	B	C	D	E	F	G	H
1	一年级体质健康测试成绩表							
2								
3	序号	班级	姓名	性别	肺活量	坐位体前屈	短跑50米	一分钟跳绳
4	1	1.01	黄锦沛	男	100	85	66	90
5	2	1.01	马若林	男	90	66	95	100
6	3	1.01	祝潮芳	男	76	72	10	50
7	4	1.01	黄萍萍	女	90	80	100	95
8	5	1.01	文馨儿	女	85	72	100	74
9	6	1.01	李彩妹	女	85	74	100	76
10								
11			平均分		=AVERAGE(E4:E9)			
12			优秀人数		=COUNTIF(E4:E9,">=90")			
13			良好人数		=COUNTIF(E4:E9,">=80")			
14			及格人数		=COUNTIF(E4:E9,">=60")			
15			待及格人数		=COUNTIF(E4:E9,"<60")			
16								
17	备注：90分以上为优秀，80分以上为良好，60分以上为合格，60分以下为待及格。							

函数

图 1-3　用函数求平均分和各等级人数

在 E12 单元格中输入函数"=COUNTIF(E4:E9,">=90")",然后按回车键,可以计算 1.01 班肺活量体质健康测试的优秀人数。

在 E13 单元格中输入函数"=COUNTIF(E4:E9,">=80")",然后按回车键,可以计算 1.01 班肺活量体质健康测试的良好人数。

在 E14 单元格中输入函数"=COUNTIF(E4:E9,">=60")",然后按回车键,可以计算 1.01 班肺活量体质健康测试的及格人数。

在 E15 单元格中输入函数"=COUNTIF(E4:E9,"<60")",然后按回车键,可以计算 1.01 班肺活量体质健康测试的待及格人数。

1.2 单元格地址

在 Excel 实际应用中,几乎每一个人都用到过地址引用,特别是相对引用,只不过很多人不知道自己在用地址引用。如果掌握了 Excel 的地址引用——相对引用、绝对引用和混合引用,相当于为公式插上了翅膀,使用 Excel 时思维将更加清晰,效率将更高。

1.2.1 相对引用

复制公式时地址跟着发生变化,叫相对引用。相对引用是最为常用的默认引用方式,如果行号列标前面没有$符号,则是相对引用,特点是当复制公式时,其引用的单元格也会随之发生移动,你变它就变,如影随形。

如图 1-4 所示:① 在 J4 单元格输入函数"=SUM(F4:I4)",然后按回车键,完成第一个同学的总分计算;② 选中 J4 单元格后,鼠标移到 J4 单元格右下角的黑色方块称为自动填充柄,移到自动填充柄上鼠标变为"十"实心十字形状时双击鼠标,完成该列公式自动填充;③ 可以看到,J4 单元格中相对引用的地址 F4:I4 复制到 J5、J6、J7 单元格中后,依次变为了 F5:I5、F6:I6、F7:I7,随着行的变化,单元格引用也会随之变化,得到的结果也跟着变化,这就是相对引用的例子。

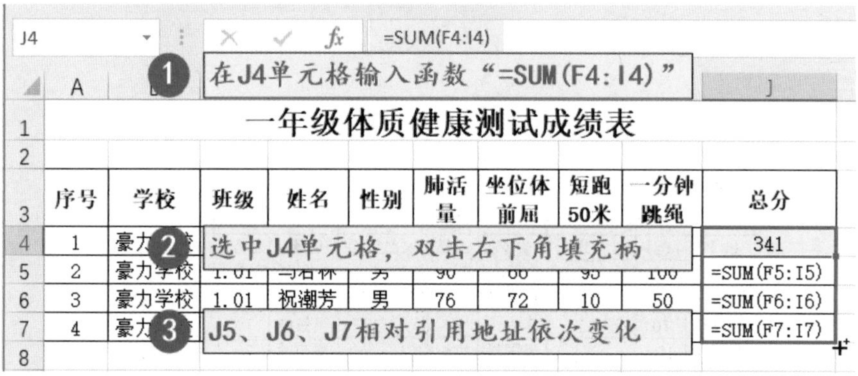

图 1-4 相对引用求总分

如图 1-5 所示:① 先在"E11:E15"单元格中分别输入图 1-3 中的函数;② 然后

同时选中"E11:E15"单元格区域，鼠标移到 E15 单元格右下角的黑色方块处，鼠标指针变为"╋"实心十字形状时拖动鼠标；③ 拖动鼠标到 H15 后松开鼠标左键，随着列的变化，单元格引用也会随之变化，得到的结果也跟着变化，这也是相对引用的例子。

图 1-5　自动填充相对引用函数计算平均分和各等级人数

1.2.2　绝对引用

复制公式时地址不会跟着发生变化，叫绝对引用。绝对引用的关键是使用$符号，$相当于一把锁，锁哪里哪里就不会变，行号、列号都锁住，便是绝对引用。

如图 1-6 所示：如果只在 C3 单元格计算第一位同学 50 米短跑的个人成绩与班级平均分的差距，只需要在 C6 单元格输入公式"=B6-C3"即可；如果直接复制 C6 单元格的公式"=B6-C3"到 C4 单元格，公式将自动变为"=B7-C4"；如果要复制 C6 单元格的公式直接计算每位同学 50 米短跑的个人成绩与班级平均分的差距，需要班级平均分所在 C3 单元格固定不变，需要在行号 C 和列号 3 前都加上$，将 C3 修改为$C$3，将行号、列号同时锁住，这样将公式复制到表格任何地方$C$3都保持不变了。

图 1-6　自动填充绝对引用公式计算每位同学的成绩与平均分的差距

添加或删除$符号的小技巧：光标移到地址栏 C3 位置后，按键盘上的 F4 键，可以在"$C$3""C$3""$C3""C3"之间自动切换。

1.2.3 混合引用

复制公式时地址的一部分内容不会跟着发生变化、另外部分内容会跟着发生变化，叫混合引用。混合引用的关键是使用$符号，$相当于一把锁，锁哪里哪里就不会变，仅锁住行号或仅锁住列号，叫混合引用。

RANK 函数基础语法：=RANK(要排名次的数字,参加排名的数据区域)。

如图 1-7 所示，要计算每位同学体质健康测试各个项目的名次，排名函数 RANK 的第二个参数参加排名的数据区域需要固定不变，需要绝对引用，否则公式下拉后会造成排名结果错误，全班同学每个项目成绩的起止行数需要用$符号锁定；每个项目成绩的列数需要跟随变化，这样将一列的函数复制到其他每一列都可以直接得到想要的结果，需要相对引用，不能加$符号。① 在 F4 单元格输入函数"=RANK(E4,E$4:E$9)"；② 选中 E4 单元格，拖动 E4 单元格右下角的填充柄到 F9；③ 选中 F4:F9 单元格区域，依次复制粘贴到 H 列、J 列、L 列。

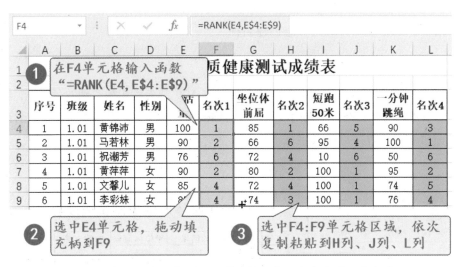

图 1-7　自动填充混合引用函数计算每位同学各个项目的名次

1.3　定义名称

1.3.1　名称的概念

名称是给单元格区域取一个通俗易懂的名字，使用名称可以增强公式的可读性，使公式更容易理解和更方便使用。如图 1-8 所示，"C4:C9"与"肺活量"都表示全班同学肺活量成绩的单元格区域，名称"肺活量"比"C4:C9"的可读性就更强，使用更方便。

	A	B	C	D	E	F
					单元格区域	
1			一年级体质健康测试成绩表			
2						
3	序号	姓名	肺活量	坐位体前屈	短跑50米	一分钟跳绳
4	1	黄锦沛	100	85	66	90
5	2	马若林	90	66	95	100
6	3	祝潮芳	76	72	10	50
7	4	黄萍萍	90	80	100	95
8	5	文馨儿	85	72	100	74
9	6	李彩妹	85	74	100	76
10						
11	平均分		88	名称 =AVERAGE(D4:D9)	=AVERAGE(E4:E9)	=AVERAGE(F4:F9)
12						
13	平均分		=AVERAGE(肺活量)	=AVERAGE(坐位体前屈)	=AVERAGE(短跑50米)	=AVERAGE(一分钟跳绳)

C11 =AVERAGE(C4:C9)

图 1-8 使用名称的函数与一般函数的对比

1.3.2 定义名称

Excel 定义名称的方法有三种，一是使用编辑栏左侧的名称框，二是使用"定义名称"对话框，三是使用行或列标志创建名称。

1. 使用"名称框"定义名称

如图 1-9 所示：① 选择要命名的单元格区域，② 单击编辑栏左侧的名称框，输入选定区域要使用的名称，按回车键确认，点击名称框的下拉箭头就可以看到定义的名称了。

名称命名必须以字母或汉字或下划线作为开头，不能以数字作为开头。

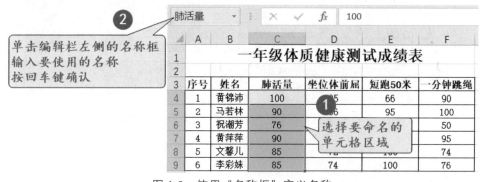

单击编辑栏左侧的名称框 输入要使用的名称 按回车键确认

选择要命名的单元格区域

图 1-9 使用"名称框"定义名称

2. 使用"定义名称"对话框

如图 1-10 所示：① 选中要定义名称的单元格区域；② 在菜单栏的"公式"选项卡单击"定义名称"按钮；③ 在弹出对话框的"名称"框中输入选定区域要使用的名称；④ 单击"确定"键确认。

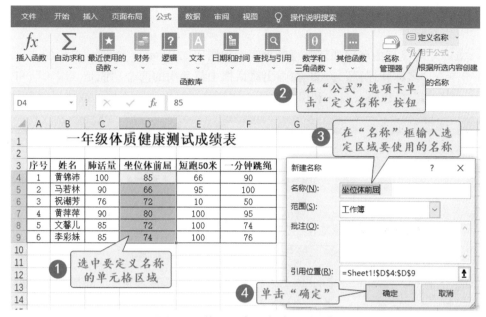

图 1-10　使用"定义名称"对话框

3. 使用行或列标志创建名称

如图 1-11 所示：① 选中要命名的包括行或列标签的单元格区域；② 在菜单栏的"公式"选项卡单击"根据所选内容创建"按钮；③ 在弹出对话框中根据需要选中"首行""最左列""末行"或"最右列"复选框来指定要使用的名称；④ 单击"确定"键确认。这里选择"首行"作为相应选中的 E 列、F 列区域的名称，就一次性创建了"短跑 50 米"和"一分钟跳绳"两个名称，分别表示"$E$4:$E$9"和"$F$4:$F$9"单元格区域。

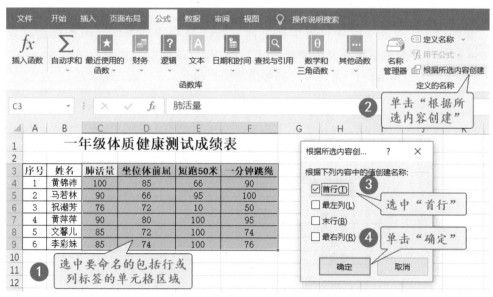

图 1-11　使用行或列标志创建名称

1.3.3 管理名称

Excel 中定义好的名称如何进行管理呢？如图 1-12 所示：① 在菜单栏的"公式"选项卡单击"名称管理器"；② 在弹出对话框中最常用的两个功能是"编辑"和"删除"，"编辑"可以修改名称和引用地址，"删除"可以删除不用的或错误的名称。

图 1-12 Excel 名称管理器

1.3.4 使用名称

1. 直接使用名称

如图 1-13 所示，以计算表中所有同学肺活量平均分为例，因为前面已经将"$C$4:$C$9"区域的名称定义为"肺活量"了，所以函数"=AVERAGE($C$4:$C$9)"与"=AVERAGE(肺活量)"都可以计算肺活量的平均分。

图 1-13 直接使用名称

2. 间接使用名称

间接使用名称的关键是使用 Indirect 函数，Indirect 函数返回由文本字符串指定的引用。

如图 1-14 所示，在 I4 单元格输入"=AVERAGE(INDIRECT(H4))"，"INDIRECT(H4)"把"H4"单元格中显示的字符"肺活量"当成定义的名称"肺活量"使用，如果前面已经为四个项目的成绩定义了与列标题相同的名称，那么双击 I4 单元格的填充柄，公式中表示计算项目的相对引用 H4 就会自动变成 H5、H6、H7、H8，就能自动完成一年级体质健康四个项目的平均分统计，这种方法可以将书写非常复杂的函数变得很轻松。

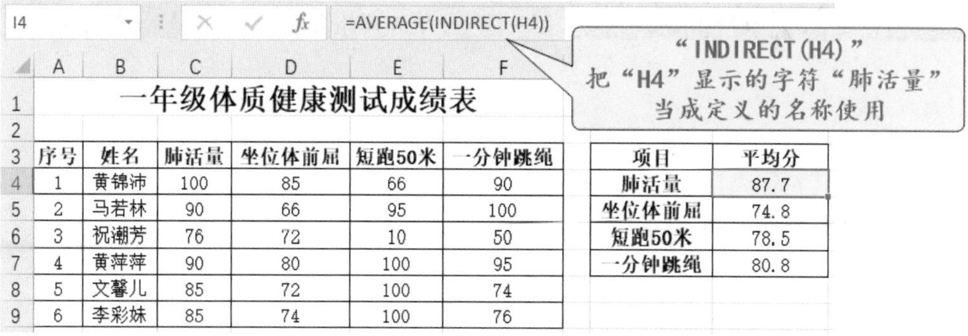

图 1-14　通过 INDIRECT()函数间接使用名称

第 2 章
Excel 实用基础函数

只要在计算机面前办公的人员就一定接触过 Excel，只是深入的程度不同而已。工作中经常出现统计数据很简单、整理数据很麻烦的情况，特别是遇到很复杂或不规范的数据时，整理大量原始数据成为最令人头痛的问题。本章将介绍几个比较实用的基础函数，掌握这些基础函数的使用方法和技巧，工作时便能事半功倍，一般的 Excel 数据整理工作就游刃有余了。

2.1 字符串截取与合并

Excel 数据处理工作中，如果需要的一些新数据能通过对原有数据按规律进行截取或合并产生，与手动录入这些新数据相比，将大幅度提高工作效率，并且数据的精准度更高。

比如教学质量监测的考号编排规则是以年级为单位，全年级随机编排考号，考生考号共 10 位，前四位为入学年份的年级代码，第五、六位为班级编码，第七、八位为考室号编码，第九、十位为座位号编码，下面以此为例来介绍 Excel 字符串截取与合并函数的基础知识和操作要点。

2.1.1 字符串合并

Excel 中需要将几个内容连接到一起，可以使用文本连接运算符 "&"。文本连接运算符 "&" 有两个用法，一是将几个单元格的内容连接在一起，二是将单元格的内容与 "常量" 内容连接在一起，"常量" 包括字符、数字或符号。

1. 文本连接运算符 "&" 用法一：单元格&单元格

如编排考号时，将全年级学生随机排序后分别安排到各考室，考室号编排如果能自动将不同列的数据"年级代码""班级代码"和"考室号""座位号"合并到一起，将非常快速和高效。

如图 2-1 所示，《美新学校期末检测考号编排》表格中 A 列至 F 列内容已确定，A 列内容为年级代码，C 列内容为班级代码，E 列内容为考室号，F 列内容为座位号，我们需要在 G 列显示每位学生的考号。为了让检测结果更公平公正，全年级学生的顺序是随机的，因此如果手动录入考号的话，非常麻烦而且很容易出错。这个时候应用文本连接运算符 "&" 就比较方便。① 在 G4 单元格输入 "=A4&C4&E4&F4"；② 选中 G4 单元格，双击 G4 单元格右下角的填充柄，即生成了表格中全部学生的考号。

图 2-1　单元格&单元格自动生成考号

2. 文本连接运算符 "&" 用法二： "常量"&单元格

文本连接运算符 "&" 除了可以将几个单元格的内容连接到一起，还可以将不同的字符、符号或数字与单元格的内容连接到一起。注意公式中用文本连接运算符 "&" 拼接的字符、符号要用英文输入法的双引号括起来。因为双引号里的内容表示字符串，没有双引号的内容表示是变量名或运算符。

如图 2-2 所示，《美新学校 2018 级期末检测考号编排》表格中 A 列至 E 列内容已确定，B 列内容为班级代码，D 列内容为考室号，F 列内容为座位号，我们需要在 F 列显示每位学生的考号。考号的前四位的年级代码 2008 是固定的，在生成考号时将"年级代码"用文本连接运算符 "&" 与后面"班级代码""考室号""座位号"的单元格地址连接在一起就可以了。① 在 F4 单元格输入 "="2018"&B4&D4&E4" ；② 选中 F4 单元格，双击 F4 单元格右下角的填充柄，即生成了表格中全部学生的考号。

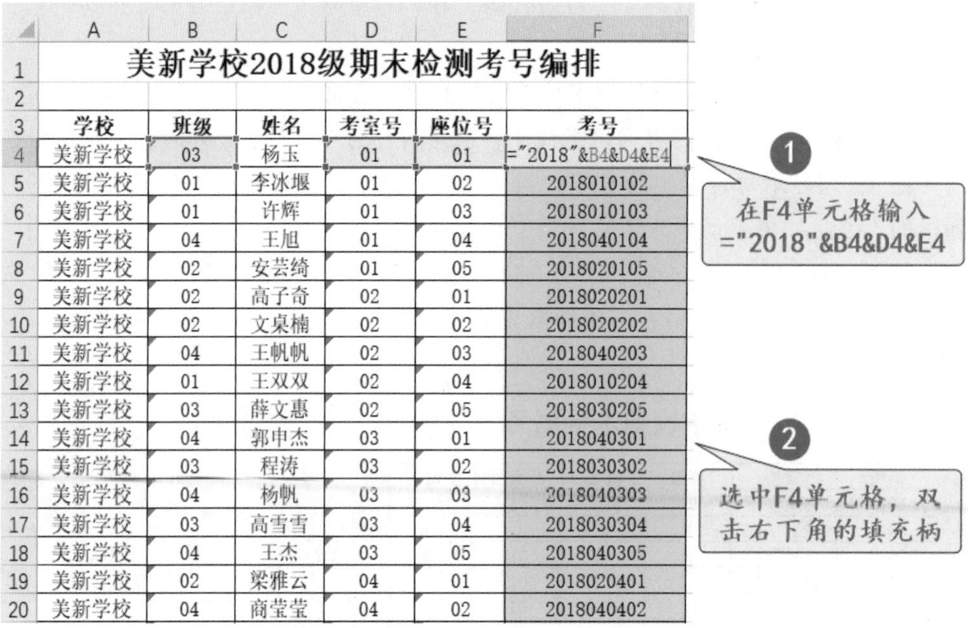

	A	B	C	D	E	F
1	美新学校2018级期末检测考号编排					
2						
3	学校	班级	姓名	考室号	座位号	考号
4	美新学校	03	杨玉	01	01	="2018"&B4&D4&E4
5	美新学校	01	李冰堰	01	02	2018010102
6	美新学校	01	许辉	01	03	2018010103
7	美新学校	04	王旭	01	04	2018040104
8	美新学校	02	安芸绮	01	05	2018020105
9	美新学校	02	高子奇	02	01	2018020201
10	美新学校	02	文桌楠	02	02	2018020202
11	美新学校	04	王帆帆	02	03	2018040203
12	美新学校	01	王双双	02	04	2018010204
13	美新学校	03	薛文惠	02	05	2018030205
14	美新学校	04	郭申杰	03	01	2018040301
15	美新学校	03	程涛	03	02	2018030302
16	美新学校	04	杨帆	03	03	2018040303
17	美新学校	03	高雪雪	03	04	2018030304
18	美新学校	04	王杰	03	05	2018040305
19	美新学校	02	梁雅云	04	01	2018020401
20	美新学校	04	商莹莹	04	02	2018040402

图 2-2　常量&单元格自动生成考号

2.1.2　字符串截取

1. MID 函数从指定位置截取字符

1）MID 函数功能

MID 是字符任意位置截取函数，从文本字符串中指定的起始位置起，截取指定长度的字符串。

2）MID 函数语法

=MID(字符串,开始位置,字符长度)

3）MID 函数示例

截取考号字符串中代表班级编码的第 5 个字符开始、长度为 2 的字符。

如图 2-3 所示，《美新学校 2018 级 2022 年春期期末检测成绩》Excel 原始成绩表中只有考号、姓名和各科成绩，没有独立的"班级"列，成绩分发时需要按"班级"排序，如果自动从考号里截取"班级"代码出来填充到新的列，然后按照新填充的"班级"列进行排序就非常方便。

如图 2-4 所示，① 在 D4 单元格输入"=MID(C4,5,2)"，敲回车键，即提取了考号中第 5 个字符开始、长度为 2 的字符；② 选中 D4 单元格，双击 D4 单元格右下角的填充柄，即生成了表格中全部学生的班级。

	A	B	C	D	E	F	G	H	I	J	K	L	M
1	美新学校2018级2022年春期期末检测成绩												
2													
3	序号	姓名	考号	语文	数学	英语	物理	化学	生物	德法	历史	地理	总分
4	1	杨玉	2018030101	76	92	23.5	39	34.5	22	18	18.5	17.5	426
5	2	李冰堰	2018010102	50	18	20	31.5	28	29.5	12	17	22	312
6	3	许辉	2018010103	68	65.5	34.5	45.5	37	33.5	28.5	18	24	450
7	4	王旭	2018040104	82	82	78	75	56	38	30	28.5	27	597
8	5	安芸绮	2018020105	79.5	89	88	75	42.5	33	21.5	27	25	574
9	6	高子奇	2018020201	72.5	68.5	54	33	28	24	27.5	23	19	436

图 2-3　原始成绩表没有独立的“班级”列

	A	B	C	D	E	F	G	H	I	J	K	L	M	N
1	美新学校2018级2022年春期期末检测成绩													
2														
3	序号	姓名	考号	班级	语文	数学	英语	物理	化学	生物	德法	历史	地理	总分
4	1	杨玉	2018030101	=MID(C4, 5, 2)	76	[illegible]	23.5	39	34.5	22	18	18.5	17.5	426
5	2	李冰堰	2018010102	01	[illegible]	[illegible]	20	31.5	28	29.5	12	17	22	312
6	3	许辉	2018010103	01	[illegible]	[illegible]	[illegible]	[illegible]	37	33.5	28.5	18	24	450
7	4	王旭	2018040104	04	[illegible]	[illegible]	[illegible]	[illegible]	56	38	30	28.5	27	597
8	5	安芸绮	2018020105	02	[illegible]	[illegible]	[illegible]	[illegible]	[illegible]	33	21.5	27	25	574
9	6	高子奇	2018020201	02	72.5	68.5	54	33	28	24	27.5	23	19	436
10	7	文桌楠	2018020202	02	61	62.5	24.5	42.5	31	25	17.5	29	25.5	404
11	8	王帆帆	2018040203	04	85.5	96	90	66.5	46	29.5	28.5	31.5	28	597
12	9	王双双	2018010204	01	46.5	33	16	25.5	18.5	15	13	5	16.5	276
13	10	薛文惠	2018030205	03	75.5	63.5	39.5	48.5	34	28.5	22	17.5	23	450
14	11	郭申杰	2018040301	04	57	[illegible]	15	38.5	33	15	12	11.5	16.5	323
15	12	程涛	2018030302	03	[illegible]	[illegible]	91.5	76.5	51	37	33	36	30	641
16	13	杨帆	2018040303	04	[illegible]	[illegible]	[illegible]	[illegible]	12	6	11	16	21	288
17	14	高雪雪	2018030304	03	[illegible]	[illegible]	[illegible]	[illegible]	34	37	23.5	19.5	29.5	488
18	15	王杰	2018040305	04	[illegible]	[illegible]	[illegible]	[illegible]	[illegible]	35	26	27	31	611
19	16	梁雅云	2018020401	02	74.5	63.5	63.25	46.5	36	21	21	28	31	464
20	17	商莹莹	2018040402	04	81.5	81	87	60.5	38	29	24.5	28.5	26	549
21	18	蔡文祥	2018010403	01	61.5	65	33	26	24	32	21	16	22.5	388

①在D4单元格输入=MID(C4, 5, 2)

②选中D4单元格，双击右下角的填充柄

图 2-4　MID 函数从考号中截取班级字符

2. LEFT 从最左侧截取字符

1）LEFT 函数功能

LEFT 是字符左截取函数，从文本字符串最左边开始，截取指定长度的字符串。

2）LEFT 函数语法

=LEFT(字符串,字符长度)

3）LEFT 函数示例

如图 2-5 所示，《美新学校学生信息表》Excel 表中 C 列是学生户籍所在地的详细信息，现在需要提取 C 列表示学生所在县区的前 5 个字符填充到 D 列。

	A	B	C	D
1	美新学校学生信息表			
2				
3	序号	姓名	户籍所在地	县区
4	1	杨玉	四川省泸县云锦镇湾头村四社	
5	2	李冰堰	四川省龙马潭区特兴街道幸福村四社	
6	3	许辉	四川省泸县兆雅镇两河村二社	
7	4	王旭	四川省古蔺县古蔺镇飞龙村六社	
8	5	安芸绮	四川省泸县云锦镇天台寺村五社	
9	6	高子奇	四川省叙永县叙永镇丹山村三社	
10	7	文桌楠	四川省古蔺县双沙镇普庆村二社	
11	8	王帆帆	四川省泸县云锦镇旺龙山村五社	
12	9	王双双	四川省泸县兆雅镇两河村六社	
13	10	薛文惠	四川省泸县云锦镇冯石村五社	

图 2-5 《美新学校学生信息表》原始表

如图 2-6 所示，① 在 D4 单元格输入“=LEFT(C4,5)”，敲回车键，即提取了 C4 单元格“学生户籍所在地”的左边 5 个字符；② 选中 D4 单元格，双击 D4 单元格右下角的填充柄，即提取了 C 列全部学生的县区信息填充到了 D 列。

LEFT(**text**, [num_chars])

	A	B	C	D
1	美新学校学生信息表			
2				
3	序号	姓名	户籍所在地	县区
4	1	杨玉	四川省泸县云锦镇湾头村四社	=LEFT(C4, 5)
5	2	李冰堰	四川省龙马潭区特兴街道幸福村四社	四川省龙马
6	3	许辉	四川省泸县兆雅镇两河村二社	四川省泸县
7	4	王旭	四川省古蔺县古蔺镇飞龙村六社	四川省古蔺
8	5	安芸绮	四川省泸县云锦镇天台寺村五社	四川省泸县
9	6	高子奇	四川省叙永县叙永镇丹山村三社	四川省叙永
10	7	文桌楠	四川省古蔺县双沙镇普庆村二社	四川省古蔺
11	8	王帆帆	四川省泸县云锦镇旺龙山村五社	四川省泸县
12	9	王双双	四川省泸县兆雅镇两河村六社	四川省泸县
13	10	薛文惠	四川省泸县云锦镇冯石村五社	四川省泸县

① 在D4单元格输入 =LEFT(C4, 5)

② 选中D4单元格，双击右下角的填充柄

图 2-6 《美新学校学生信息表》截取“户籍所在地”左边 5 个字符

3. RIGHT 从最右侧截取字符

1）RIGHT 函数功能

RIGHT 是字符右截取函数，从文本字符串最右边开始，截取指定长度的字符串。

2）RIGHT 函数语法

=RIGHT (字符串,字符长度)

3）RIGHT 函数示例

如图 2-7 所示，《学校名单》Excel 表中 B 列是学校名称，现在需要提取 B 列表示学校简称右边 4 个字符填充到 C 列。①在 C4 单元格输入“=RIGHT(B4,4)”，敲回车键，即提取了 B4“学校名称”的右边 4 个字符；②选中 C4 单元格，双击 C4 单元格右下角的填充柄，即提取了 B 列全部学校名称的右边 4 个字符填充到了 C 列。

	A	B	C
1	学校名单		
2			
3	序号	学校名称	学校简称
4	1	111兆雅镇兆雅中学	=RIGHT(B4,4)
5	2	112兆雅镇兆雅小学	兆雅小学
6	3	113兆雅镇杨九学校	杨九学校
7	4	121太伏镇太伏中学	太伏中学
8	5	122太伏镇太伏小学	太伏小学
9	6	123太伏镇国仁学校	国仁学校
10	7	124太伏镇万定小学	万定小学
11	8	125太伏镇新路小学	新路小学
12	9	131牛滩镇牛滩小学	牛滩小学
13	10	132牛滩镇玉峰中学	玉峰中学
14	11	133牛滩镇玉峰小学	玉峰小学
15	12	134牛滩镇保安小学	保安小学
16	13	141潮河镇潮河学校	潮河学校

❶ 在C4单元格输入=RIGHT(B4,4)

❷ 选中C4单元格，双击右下角的填充柄

图 2-7 《学校名单》截取“学校名称”右边 4 个字符

2.2 比较运算符

比较运算符是 Excel 公式中运用频率很高的符号，很多人看不懂别人写的某个功能的函数或写不出某个功能的函数，很大原因就是没弄懂公式中包含比较运算在内的运算式。Excel 中的运算符分为算术运算符、文本运算符、比较运算符和引用运算符四类，文本运算符的典型应用在上面也作了介绍；算术运算符是诸如加、减、乘、除之类的运算符，得到的是数字结果，大家理解和应用都比较到位；比较运算符是诸如大于、小于、不等于之类的运算符，得到的结果是一个逻辑值 TRUE（真）或者 FALSE（假）。

2.2.1 Excel 中常用的比较运算符

如图 2-8 所示，Excel 中的比较运算符一共有六个，包括大于号、小于号、等于号、大于等于号、小于等于号、不等于号。公式中最前面的等号“=”是公式的标识，后面的符合才是比较运算符。比较运算符得到的结果是逻辑值，TRUE 代表结果为真，在数学运算时表示 1；FALSE 代表结果为假，在数学运算时表示 0。

	A	B	C	D	E	F
1	名称	符号	数值1	数值2	公式	判断结果
2	大于	>	68	72	=C2>D2	FALSE
3	小于	<	66	90	=C3<D3	TRUE
4	等于	=	52	76	=C4=D4	FALSE
5	大于等于	>=	85	100	=C5>=D5	FALSE
6	小于等于	<=	90	80	=C6<=D6	FALSE
7	不等于	<>	79	85	=C7<>D7	TRUE

图 2-8 Excel 中常用的比较运算符

逻辑值也是一种数据类型，我们常见的数据类型有文本型、数值型、日期时间型、逻辑型、错误值。比较运算符有两个功能，第一个功能是对条件判断对错，第二个功能是用判断的结果 TRUE 或 FALSE 去参加数学运算。

2.2.2　逻辑值转换为数值的方法

逻辑值怎样才能转换为数值呢？逻辑值只要参加了数学运算，就能自动转换为 1 或 0 参与运算。

如图 2-9 所示，把逻辑值转换为数值的常用方法是让逻辑值参加一次数学运算，让原值保持不变的数学运算：一是对逻辑值进行"负负"运算，二是对逻辑值进行"加 0""减 0"运算，三是对逻辑值进行"乘 1""除 1"运算。

	A	B	C	D	E	F
1	逻辑值	——	+0	−0	*1	/1
2	FALSE	0	0	0	0	0
3	TRUE	1	1	1	1	1
4	FALSE	0	0	0	0	0
5	FALSE	0	0	0	0	0
6	TRUE	1	1	1	1	1
7	TRUE	1	1	1	1	1
8	FALSE	0	0	0	0	0

图 2-9　逻辑值转换为数值的方法

2.2.3　比较运算符的运用举例

比较运算符的运算结果是逻辑值，比较运算符就是用来作逻辑判断的，有了逻辑判断，就像是为 Excel 函数装上了思考的大脑。下面通过几个浅显的示例和辅助列帮助大家进一步认识通过比较运算符进行逻辑运算带来的效果，帮助大家今后能更好地根据实际需要选用各类函数，根据需要统计结果书写比较长的条件表达式时思路更加清晰、方法更加准确，能够读懂和写出更多的复杂表达式。

1. 比较运算符单条件计数示例

如图 2-10 所示，我们要计算 E 列"一分钟跳绳"成绩 90 分以上的学生人数。

思路是首先用比较运算符逐一判断 E 列各单元格的分数是否大于等于 90，"条件成立"返回逻辑值"TRUE"，"条件不成立"返回逻辑值"FALSE"，"TRUE"参加数学运算相当于 1，"FALSE"参加数学运算相当于 0；然后再将判断结果与 1 相乘，相当于条件成立返回 1，条件不成立返回 0；最后把返回的所有乘积求和，就得到了 90 分以上的学生人数。

	A	B	C	D	E	F	G	H	I
1	序号	学校	班级	姓名	一分钟跳绳	条件判断	条件判断逻辑结果	逻辑结果转1或0公式	条件判断数值结果
2	1	豪力学校	1.01	文荣成	80	=E2>=90	FALSE	=(E2>=90)*1	0
3	2	豪力学校	1.01	马若林	100	=E3>=90	TRUE	=(E3>=90)*1	1
4	3	豪力学校	1.01	祝潮芳	50	=E4>=90	FALSE	=(E4>=90)*1	0
5	4	豪力学校	1.01	黄锦沛	90	=E5>=90	TRUE	=(E5>=90)*1	1
6	5	豪力学校	1.02	莫海辉	100	=E6>=90	TRUE	=(E6>=90)*1	1
7	6	豪力学校	1.02	李彩妹	76	=E7>=90	FALSE	=(E7>=90)*1	0
8	7	豪力学校	1.02	文馨儿	74	=E8>=90	FALSE	=(E8>=90)*1	0
9	8	美新学校	1.01	吴钰铢	74	=E9>=90	FALSE	=(E9>=90)*1	0
10	9	美新学校	1.01	欧永鹏	100	=E10>=90	TRUE	=(E10>=90)*1	1
11	10	美新学校	1.01	廖梭新	76	=E11>=90	FALSE	=(E11>=90)*1	0
12	11	美新学校	1.02	莫嘉润	74	=E12>=90	FALSE	=(E12>=90)*1	0
13	12	美新学校	1.02	周诚楠	76	=E13>=90	FALSE	=(E13>=90)*1	0
14	13	美新学校	1.02	邓欣欣	78	=E14>=90	FALSE	=(E14>=90)*1	0
15	14	美新学校	1.02	廖国青	78	=E15>=90	FALSE	=(E15>=90)*1	0
16	15	美新学校	1.02	卢翠芳	80	=E16>=90	FALSE	=(E16>=90)*1	0
17	16	天友学校	1.01	黄萍萍	95	=E17>=90	TRUE	=(E17>=90)*1	1
18	17	天友学校	1.01	梁嘉敏	72	=E18>=90	FALSE	=(E18>=90)*1	0
19	18	天友学校	1.01	卢永恒	100	=E19>=90	TRUE	=(E19>=90)*1	1
20	19	天友学校	1.02	李永烽	76	=E20>=90	FALSE	=(E20>=90)*1	0
21	20	天友学校	1.02	莫翠静	90	=E21>=90	TRUE	=(E21>=90)*1	1
22	21	天友学校	1.02	冯晨希	74	=E22>=90	FALSE	=(E22>=90)*1	0
23									
24					所有学校分数90分以上人数:			=SUM(I2:I22)	7

图 2-10　比较运算符单条件计数示例

（1）在 G2 单元格输入公式"=E2>=90"，第一个"="说明该单元格是公式，后面的"E2>=90"表示判断 E2 单元格的值是否大于等于 90；选中 G2 单元格，双击 G2 单元格右下角的填充柄，即判断了 E 列分数是否大于等于 90，"条件成立"在 G 列对应行返回逻辑值"TRUE"，"条件不成立"在 G 列对应行返回逻辑值"FALSE"。

（2）我们不能直接统计 TRUE 的个数，在 I2 单元格中输入"=(E2>=90)*1"，选中 I2 单元格，双击 I2 单元格右下角的填充柄，即在 I 列对应行显示将 G 列的 TRUE 和 FALSE 与 1 相乘得到 1 或 0 的结果。

（3）在目标单元格输入求和函数"=SUM(I2:I22)"，即统计出了 E 列所有 90 分以上的学生人数。

2. 比较运算符单条件求和示例

如图 2-11 所示，我们要计算 E 列"一分钟跳绳"成绩 90 分以上学生的总分。

思路是首先用比较运算符逐一判断 E 列各单元格的分数是否大于等于 90，"条件成立"返回逻辑值"TRUE"，"条件不成立"返回逻辑值"FALSE"，"TRUE"参加数学运算相当于 1，"FALSE"参加数学运算相当于 0；然后再将判断结果与对应的分数相乘，相当于条件成立返回对应学生的分数，条件不成立返回 0；最后把返回的所有乘积求和，就得到了 90 分以上学生的总分。

	A	B	C	D	E	F	G	H	I
1	序号	学校	班级	姓名	一分钟跳绳	条件判断	条件判断逻辑结果	逻辑结果转分数	条件判断分数结果
2	1	豪力学校	1.01	文荣成	80	=E2>=90	FALSE	=(E2>=90)*E2	0
3	2	豪力学校	1.01	马若林	100	=E3>=90	TRUE	=(E3>=90)*E3	100
4	3	豪力学校	1.01	祝潮芳	50	=E4>=90	FALSE	=(E4>=90)*E4	0
5	4	豪力学校	1.01	黄锦沛	90	=E5>=90	TRUE	=(E5>=90)*E5	90
6	5	豪力学校	1.02	莫海辉	100	=E6>=90	TRUE	=(E6>=90)*E6	100
7	6	豪力学校	1.02	李彩妹	76	=E7>=90	FALSE	=(E7>=90)*E7	0
8	7	豪力学校	1.02	文馨儿	74	=E8>=90	FALSE	=(E8>=90)*E8	0
9	8	美新学校	1.01	吴钰铢	74	=E9>=90	FALSE	=(E9>=90)*E9	0
10	9	美新学校	1.01	欧永鹏	100	=E10>=90	TRUE	=(E10>=90)*E10	100
11	10	美新学校	1.01	廖桉新	76	=E11>=90	FALSE	=(E11>=90)*E11	0
12	11	美新学校	1.02	莫嘉润	74	=E12>=90	FALSE	=(E12>=90)*E12	0
13	12	美新学校	1.02	周诚楠	76	=E13>=90	FALSE	=(E13>=90)*E13	0
14	13	美新学校	1.02	邓欣欣	78	=E14>=90	FALSE	=(E14>=90)*E14	0
15	14	美新学校	1.02	廖国青	78	=E15>=90	FALSE	=(E15>=90)*E15	0
16	15	美新学校	1.02	卢翠芳	80	=E16>=90	FALSE	=(E16>=90)*E16	0
17	16	天友学校	1.01	黄萍萍	95	=E17>=90	TRUE	=(E17>=90)*E17	95
18	17	天友学校	1.01	梁嘉敏	72	=E18>=90	FALSE	=(E18>=90)*E18	0
19	18	天友学校	1.01	卢永恒	100	=E19>=90	TRUE	=(E19>=90)*E19	100
20	19	天友学校	1.02	李永烽	76	=E20>=90	FALSE	=(E20>=90)*E20	0
21	20	天友学校	1.02	莫翠静	90	=E21>=90	TRUE	=(E21>=90)*E21	90
22	21	天友学校	1.02	冯晨希	74	=E22>=90	FALSE	=(E22>=90)*E22	0
23									
24						所有学校分数90分以上学生的总分:		=SUM(I2:I22)	675

图 2-11 比较运算符单条件求和示例

（1）在 G2 单元格输入公式"=E2>=90"，第一个"="说明该单元格是公式，后面的"E2>=90"表示判断 E2 单元格的值是否大于等于 90；选中 G2 单元格，双击 G2 单元格右下角的填充柄，即判断了 E 列分数是否大于等于 90，"条件成立"在 G 列对应行返回逻辑值"TRUE"，"条件不成立"在 G 列对应行返回逻辑值"FALSE"。

（2）"TRUE"参加数学运算相当于 1，"FALSE"参加数学运算相当于 0。我们都知道 1 乘以任何数都得这个数本身，0 乘以任何数都得 0。在 I2 单元格中输入"=(E2>=90)*E2"，选中 I2 单元格，双击 I2 单元格右下角的填充柄，即在 I 列对应行显示将 G 列的 TRUE 和 FALSE 与对应行的分数相乘得到对应行的分数或 0 的结果。

（3）在目标单元格输入求和函数"=SUM(I2:I22)"，即统计出了 E 列所有 90 分以上学生的总分。

3. 比较运算符多条件计数示例

如图 2-12 所示，我们要计算"天友学校""一分钟跳绳"成绩 90 分以上的学生人数。

思路是首先用比较运算符逐一判断 B 列的学校是不是"天友学校"；然后再用比较运算符逐一判断 E 列各单元格的分数是否大于等于 90；"TRUE"参加数学运算相当于 1，"FALSE"参加数学运算相当于 0，我们都知道 1 乘以任何数都得这个数本身，0 乘以任何数都得 0，把判断结果与 1 相乘，相当于条件成立返回 1，条件不成立返回 0；最后把返回的所有乘积求和，就得到了"天友学校""一分钟跳绳"成绩 90 分以上的学生人数。

序号	学校	班级	姓名	一分钟跳绳	条件1判断	条件1结果	条件2判断	条件2结果	条件1、条件2判断结果相乘	条件1、条件2同时判断结果
1	豪力学校	1.01	文荣成	80	=B2="天友学校"	0	=E2>=90	0	=(B2="天友学校")*(E2>=90)	0
2	豪力学校	1.01	马若林	100	=B3="天友学校"	0	=E3>=90	1	=(B3="天友学校")*(E3>=90)	0
3	豪力学校	1.01	祝谢芳	50	=B4="天友学校"	0	=E4>=90	0	=(B4="天友学校")*(E4>=90)	0
4	豪力学校	1.01	黄锦沛	90	=B5="天友学校"	0	=E5>=90	1	=(B5="天友学校")*(E5>=90)	0
5	豪力学校	1.02	莫海辉	100	=B6="天友学校"	0	=E6>=90	1	=(B6="天友学校")*(E6>=90)	0
6	豪力学校	1.02	李彩姝	76	=B7="天友学校"	0	=E7>=90	0	=(B7="天友学校")*(E7>=90)	0
7	豪力学校	1.02	文馨儿	74	=B8="天友学校"	0	=E8>=90	0	=(B8="天友学校")*(E8>=90)	0
8	豪力学校	1.02	吴钰铢	74	=B9="天友学校"	0	=E9>=90	0	=(B9="天友学校")*(E9>=90)	0
9	美新学校	1.01	欧永鹏	100	=B10="天友学校"	0	=E10>=90	1	=(B10="天友学校")*(E10>=90)	0
10	美新学校	1.01	廖桉新	76	=B11="天友学校"	0	=E11>=90	0	=(B11="天友学校")*(E11>=90)	0
11	美新学校	1.02	莫嘉润	74	=B12="天友学校"	0	=E12>=90	0	=(B12="天友学校")*(E12>=90)	0
12	美新学校	1.02	周诚楠	76	=B13="天友学校"	0	=E13>=90	0	=(B13="天友学校")*(E13>=90)	0
13	美新学校	1.02	邓欣欣	78	=B14="天友学校"	0	=E14>=90	0	=(B14="天友学校")*(E14>=90)	0
14	美新学校	1.02	廖国青	78	=B15="天友学校"	0	=E15>=90	0	=(B15="天友学校")*(E15>=90)	0
15	美新学校	1.02	卢翠芳	80	=B16="天友学校"	0	=E16>=90	0	=(B16="天友学校")*(E16>=90)	0
16	天友学校	1.01	黄萍萍	95	=B17="天友学校"	1	=E17>=90	1	=(B17="天友学校")*(E17>=90)	1
17	天友学校	1.01	梁嘉敏	72	=B18="天友学校"	1	=E18>=90	0	=(B18="天友学校")*(E18>=90)	0
18	天友学校	1.01	卢永恒	100	=B19="天友学校"	1	=E19>=90	1	=(B19="天友学校")*(E19>=90)	1
19	天友学校	1.02	李永炼	76	=B20="天友学校"	1	=E20>=90	0	=(B20="天友学校")*(E20>=90)	0
20	天友学校	1.02	莫翠静	90	=B21="天友学校"	1	=E21>=90	1	=(B21="天友学校")*(E21>=90)	1
21	天友学校	1.02	冯晨希	74	=B22="天友学校"	1	=E22>=90	0	=(B22="天友学校")*(E22>=90)	0
天友学校分数90分以上的人数：					=SUM(G2:G22)	6	=SUM(I2:I22)	7	=SUM(K2:K22)	3

图 2-12　比较运算符多条件计数示例

（1）在 G2 单元格输入公式"=B2="天友学校""，第一个"="说明该单元格是公式，后面的"B2="天友学校""表示判断 B2 单元格的值是等于"天友学校"；选中 G2 单元格，双击 G2 单元格右下角的填充柄，即判断了 B 列学校是否等于"天友学校"，"条件成立"返回结果参与数学运算时相当于 1，"条件不成立"返回结果参与数学运算时相当于 0。

（2）在 I2 单元格输入公式"=E2>=90"，第一个"="说明该单元格是公式，后面的"E2>=90"表示判断 E2 单元格的值是否大于等于 90；选中 G2 单元格，双击 G2 单元格右下角的填充柄，即判断了 E 列分数是否大于等于 90，"条件成立"返回结果参与数学运算时相当于 1，"条件不成立"返回结果参与数学运算时相当于 0。

（3）在 K2 单元格输入"=(B2="天友学校")*(E2>=90)"，选中 K2 单元格，双击 K2 单元格右下角的填充柄。每一行 B 列等于"天友学校"返回结果参与数学运算时相当于 1，不等于"天友学校"返回结果参与数学运算时相当于 1；每一行 E 列数据大于等于 90 返回结果参与数学运算时相当于 1，否则返回结果参与数学运算时相当于 0；把两个判断结果相乘，同时满足两个条件的在 K 列对应行显示 1，否则在 K 列对应行显示 0。

（4）在目标单元格输入求和函数"=SUM(K2:K22)"，即统计出了"天友学校""一分钟跳绳"成绩 90 分以上的学生人数。

4. 比较运算符多条件求和示例

如图 2-13 所示，我们要计算"天友学校""一分钟跳绳"成绩 90 分以上学生的总分。

思路是首先用比较运算符逐一判断 B 列的学校是不是"天友学校"；然后再用比较运算符逐一判断 E 列各单元格的分数是否大于等于 90；"TRUE"参加数学运算相当于 1，"FALSE"参加数学运算相当于 0，我们都知道 1 乘以任何数都得这个数本身，0 乘以任何数都得 0，把每行的判断结果与分数相乘，相当于条件成立返回分数，条件不成立返回 0；最后把返回的所有乘积求和，就得到了"天友学校""一分钟跳绳"成绩 90 分以上学生的总分。

	A	B	C	D	E一分钟跳绳	F 条件1判断	G 条件1结果	H 条件2判断	I 条件2结果	J 条件1、条件2同时判断的结果乘以分数	K 条件1、条件2同时判断结果
1	序号	学校	班级	姓名							
2	1	晷力学校	1.01	文荣成	80	=B2="天友学校"	0	=E2>=90	0	=(B2="天友学校")*(E2>=90)*E2	0
3	2	晷力学校	1.01	马若林	100	=B3="天友学校"	0	=E3>=90	1	=(B3="天友学校")*(E3>=90)*E3	0
4	3	晷力学校	1.01	祝潮芳	50	=B4="天友学校"	0	=E4>=90	0	=(B4="天友学校")*(E4>=90)*E4	0
5	4	晷力学校	1.01	黄锦沛	90	=B5="天友学校"	0	=E5>=90	1	=(B5="天友学校")*(E5>=90)*E5	0
6	5	晷力学校	1.02	莫海辉	100	=B6="天友学校"	0	=E6>=90	1	=(B6="天友学校")*(E6>=90)*E6	0
7	6	晷力学校	1.02	李彩妹	76	=B7="天友学校"	0	=E7>=90	0	=(B7="天友学校")*(E7>=90)*E7	0
8	7	晷力学校	1.02	文馨儿	74	=B8="天友学校"	0	=E8>=90	0	=(B8="天友学校")*(E8>=90)*E8	0
9	8	美新学校	1.01	吴钰株	74	=B9="天友学校"	0	=E9>=90	0	=(B9="天友学校")*(E9>=90)*E9	0
10	9	美新学校	1.01	欧永鹏	100	=B10="天友学校"	0	=E10>=90	1	=(B10="天友学校")*(E10>=90)*E10	0
11	10	美新学校	1.01	廖桉新	76	=B11="天友学校"	0	=E11>=90	0	=(B11="天友学校")*(E11>=90)*E11	0
12	11	美新学校	1.02	莫嘉润	74	=B12="天友学校"	0	=E12>=90	0	=(B12="天友学校")*(E12>=90)*E12	0
13	12	美新学校	1.02	周诚楠	76	=B13="天友学校"	0	=E13>=90	0	=(B13="天友学校")*(E13>=90)*E13	0
14	13	美新学校	1.02	邓欣欣	78	=B14="天友学校"	0	=E14>=90	0	=(B14="天友学校")*(E14>=90)*E14	0
15	14	美新学校	1.02	廖国青	78	=B15="天友学校"	0	=E15>=90	0	=(B15="天友学校")*(E15>=90)*E15	0
16	15	美新学校	1.02	卢亚芳	80	=B16="天友学校"	0	=E16>=90	0	=(B16="天友学校")*(E16>=90)*E16	0
17	16	天友学校	1.01	黄萍萍	95	=B17="天友学校"	1	=E17>=90	1	=(B17="天友学校")*(E17>=90)*E17	95
18	17	天友学校	1.01	梁嘉敏	72	=B18="天友学校"	1	=E18>=90	0	=(B18="天友学校")*(E18>=90)*E18	0
19	18	天友学校	1.01	卢永恒	100	=B19="天友学校"	1	=E19>=90	1	=(B19="天友学校")*(E19>=90)*E19	100
20	19	天友学校	1.01	李永烽	76	=B20="天友学校"	1	=E20>=90	0	=(B20="天友学校")*(E20>=90)*E20	0
21	20	天友学校	1.02	莫翠静	90	=B21="天友学校"	1	=E21>=90	1	=(B21="天友学校")*(E21>=90)*E21	90
22	21	天友学校	1.02	冯晨希	74	=B22="天友学校"	1	=E22>=90	0	=(B22="天友学校")*(E22>=90)*E22	0
23											
24	天友学校分数90分以上学生的总分：					=SUM(G2:G22)	6	=SUM(I2:I22)	7	=SUM(K2:K22)	285

图 2-13　比较运算符多条件求和示例

（1）在 G2 单元格输入公式"=B2="天友学校""，第一个"="说明该单元格是公式，后面的"B2="天友学校""表示判断 B2 单元格的值是等于"天友学校"；选中 G2 单元格，双击 G2 单元格右下角的填充柄，即判断了 B 列学校是否等于"天友学校"，"条件成立"返回结果参与数学运算时相当于 1，"条件不成立"返回结果参与数学运算时相当于 0。

（2）在 I2 单元格输入公式"=E2>=90"，第一个"="说明该单元格是公式，后面的"E2>=90"表示判断 E2 单元格的值是否大于等于 90；选中 G2 单元格，双击 G2 单元格右下角的填充柄，即判断了 E 列分数是否大于等于 90，"条件成立"返回结果参与数学运算时相当于 1，"条件不成立"返回结果参与数学运算时相当于 0。

（3）在 K2 单元格输入"=(B2="天友学校")*(E2>=90)*E2"，选中 K2 单元格，双击 K2 单元格右下角的填充柄。每一行 B 列等于"天友学校"返回结果参与数学运算时相当于 1，不等于"天友学校"返回结果参与数学运算时相当于 1；每一行 E 列数据大于等于 90 返回结果参与数学运算时相当于 1，否则返回结果参与数学运算时相当于 0；把两个判断结果与分数相乘，同时满足两个条件的在 K 列对应行显示分数，否则在 K 列对应行显示 0。

（4）在目标单元格输入求和函数"=SUM(K2:K22)"，即统计出了"天友学校""一分钟跳绳"成绩 90 分以上学生的总分。

以上我们学习了通过辅助列应用 SUM 函数单条件或多条件计数及求和的方法，能不能不通过辅助列直接多条件计数或求和呢？答案是肯定的，我们将在第 3 章学习不通过辅助列直接进行多条件计数或求和的方法。

2.3 逻辑函数

很多人在写公式的时候，总是感觉自己的逻辑性不够，思路不够清楚，尤其是要处理的问题稍微复杂一些，便无所适从。原因并不是大家的思考能力有问题，而是缺少一些必要的技术语言支持，帮助将思维转为实际的应用。函数中的条件判断类函数可以辅助我们对问题进行有效分解、分类或分层处理，让我们在写公式的时候可以做到层次分明、逻辑清晰，实现结构化思考。

《国家学生体质健康标准》规定根据学生学年总分评定等级：90.0 分及以上为优秀，80.0～89.9 分为良好，60.0～79.9 分为及格，59.9 分及以下为不及格。下面我们通过 IF、AND、OR 三个逻辑函数将学生体质健康测试分数转换为等级的不同操作，来熟悉几个逻辑函数的功能和使用方法。

2.3.1 IF 函数

1. IF 函数功能

IF 函数执行逻辑判断，根据逻辑表达式的真假，返回不同的结果。

2. IF 函数语法

=IF(条件表达式，符合条件返回结果，不符合条件返回结果)

3. IF 函数写法规则

IF 函数嵌套的公式看着比较长，其实如果掌握了要点，写起来还是比较容易的。下面我们通过分析 IF 函数一个条件的基础写法及两个条件嵌套、三个条件嵌套的写法，来掌握 IF 函数嵌套的写法和用法，见表 2-1。

表 2-1　IF 函数的写法及解读

条件个数	IF 函数写法及解读
一个条件 基础用法	=if(A,　　B,　　C) ①如果 A 那么 B；②否则 C。
两个条件 嵌套用法	=if(A,　　B,　　if(A2,　　B2,　　C2)) ①如果 A 那么 B；②否则如果 A2 那么 B2；③否则 C2。
三个条件 嵌套用法	=if(A,　　B,　　if(A2,　　B2,　　if(A3,　　B3,　　C3))) ①如果 A 那么 B；②否则如果 A2 那么 B2；③否则如果 A3 那么 B3；④否则 C3。

通过表 2-1 我们可以看出 IF 函数的写法有以下规律：

（1）有多少个条件，就有多少个 IF，末尾就有多少个括号。

（2）如果需要增加条件，就将最后一个否则 C 的位置换成 "if(a,b,c)" 即可。

（3）有 n 个 IF 条件，就有 n+1 个结果。即若只需 3 种结果，那么只要 2 个 IF 条件就够了。

遇到更多层的 IF 函数嵌套，方法是类似的，一层一层地理清思路，也不是那么困难。

4. IF 函数示例

1）IF 函数单条件判断

函数写法一如图 2-14 所示，我们以判断表格中 B 列"50 米短跑"成绩是否及格为例。

① 在 C2 单元格输入"=IF(B2>=60,"及格","不及格")"。

② 选中 C2 单元格，双击单元格右下角的填充柄，即在 C 列得到"50 米短跑"成绩的及格情况。

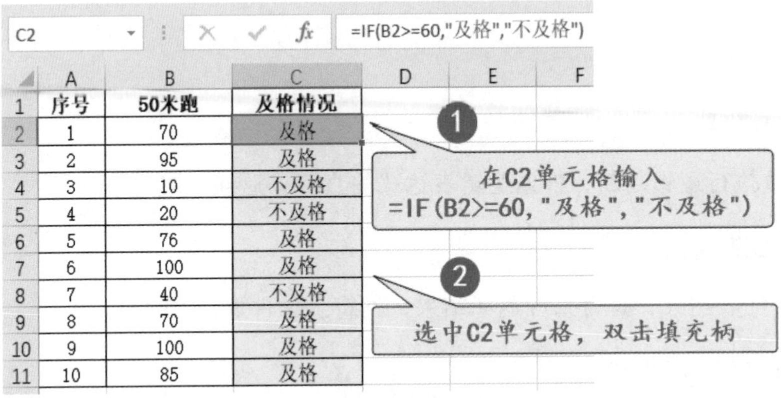

图 2-14　IF 函数判断单科成绩是否及格写法一

C2 单元格中的"B2>=60"为条件，当条件满足时，返回"及格"，否则返回"不及格"；我们也可以将 C2 单元格的条件"B2>=60"改为"B2<60"，这时条件满足时返回"不及格"，否则返回"及格"。

函数写法二如图 2-15 所示：① 在 C2 单元格输入"=IF(B2<60,"不及格","及格")"；② 选中 C2 单元格，双击单元格右下角的填充柄，即在 C 列得到"50 米短跑"的等级。

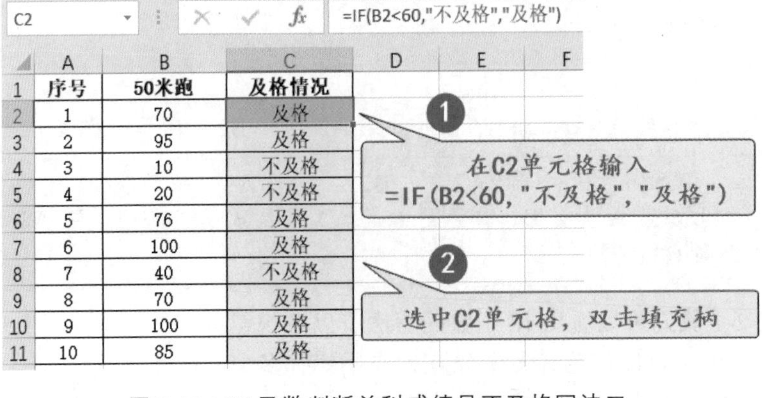

图 2-15　IF 函数判断单科成绩是否及格写法二

2）IF 函数嵌套的多条件判断

我们需要判断"50 米短跑"成绩的等级是优秀、良好、及格还是不及格，需要有 4 个结果，我们写 3 个 IF 条件就可以了。

写法一分析见表 2-2。

表 2-2　写法一分析

条件顺序	条件表达式	判断结果
条件 1	成绩>=90	优秀
条件 2	成绩>=80	良好
条件 3	成绩>=60	及格
否则		不及格

将 B2 单元格的分数转换为等级的公式写法为：

=IF(B2>=90,"优秀", IF(B2>=80, "良好", IF(B2>=60, "及格", "不及格")))

如图 2-16 所示，我们将表格中 B 列"50 米短跑"的分数全部转换为等级的公式写法和步骤如下：

① 在 C2 单元格输入"=IF(B2>=90, "优秀", IF(B2>=80, "良好", IF(B2>=60, "及格", "不及格")))"，注意公式中的双引号、逗号、小括号都要用英文标点符号。

② 选中 C2 单元格，双击单元格右下角的填充柄，即在 C 列得到"50 米短跑"成绩的不同等级。

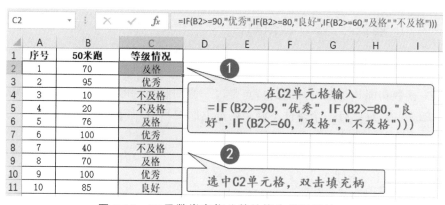

图 2-16　IF 函数嵌套将分数转换为等级写法一

写法二分析见表 2-3。

表 2-3　写法二分析

条件顺序	条件表达式	判断结果
条件 1	成绩<60	不及格
条件 2	成绩<80	及格
条件 3	成绩<90	良好
否则		优秀

将 B2 单元格的分数转换为等级的公式写法为：

=IF(B2<60, "不及格", IF(B2<80, "及格", IF(B2<90, "良好", "优秀")))

如图 2-17 所示，我们将表格中 B 列"50 米短跑"的分数全部转换为等级的公式写法和步骤如下：

① 在 C2 单元格输入"=IF(B2<60, "不及格", IF(B2<80, "及格", IF(B2<90, "良好", "优秀")))"，注意公式中的双引号、逗号、小括号都要用英文标点符号。

② 选中 C2 单元格，双击单元格右下角的填充柄，即在 C 列得到"50 米短跑"成绩的不同等级。

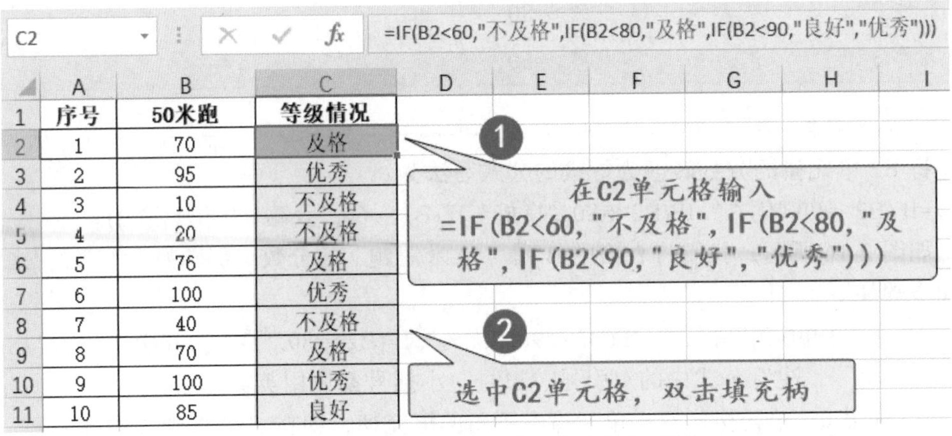

图 2-17　IF 函数嵌套将分数转换为等级写法二

2.3.2　IF 函数与 AND 函数组合

1. AND 函数功能

AND 函数功能执行逻辑判断的特点是"一假则假"，即所有条件都满足则返回逻辑值"TRUE"；只要有一个条件不满足则都返回逻辑值"FALSE"。

2. AND 函数语法

=AND(条件 1，条件 2，…)

3. AND 函数示例

1）AND 函数写法

如图 2-18 所示，我们要判断表中每位学生体质健康测试 4 个项目的成绩是否"全部及格"，即同时满足 4 个条件"肺活量>=60，坐位体前屈>=60，50 米跑>=60，一分钟跳绳>=60"才是"全部及格"。用 AND 函数实现这个功能写法很简单。

（1）在 F2 单元格输入"=AND(B2>=60, C2>=60, D2>=60, E2>=60)"，注意公式中的比较运算符号、标点符号、小括号都要用英文标点符号。因为第 2 行这位同学体质健康测试 4 个项目的成绩都满足"大于等于 60 分"的条件，所以在 F2 单元格返回逻辑值"TRUE"。

（2）选中 F2 单元格，双击单元格右下角的填充柄，即在 F 列得到表格中所有同学体质健康测试 4 个项目的成绩是否"全部及格"的判断结果，4 个项目都分别符合条件"大于等于 60 分"才显示逻辑值"TRUE"，只要有 1 个项目不符合条件都返回逻辑值"FALSE"。

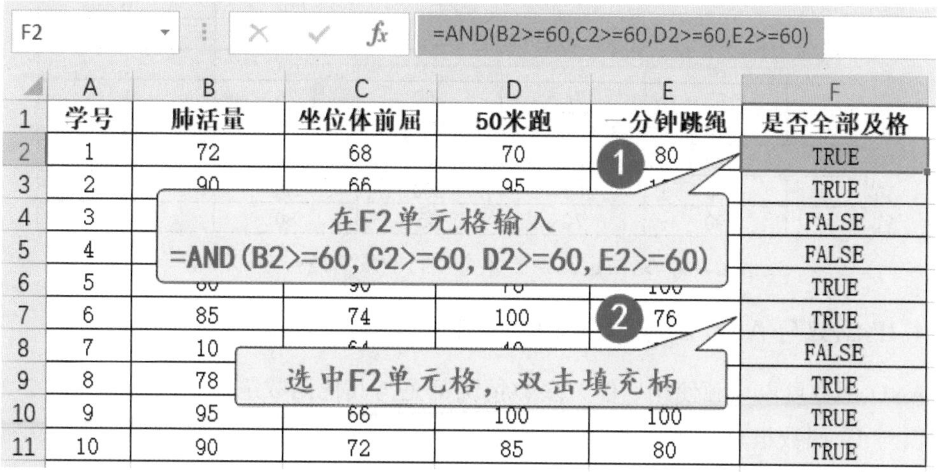

图 2-18　AND 函数判断 4 个项目的成绩是否"全部及格"

2）拓展：乘法运算替代 AND 函数

通过前面的学习我们知道每个条件表达式返回的是逻辑值"TRUE"或"FALSE"；逻辑值"TRUE"参加数学运算是相当于数字 1，逻辑值"FALSE"参加数学运算是相当于数字 0；如果所有条件判断结果都是 1，任意多的 1 相乘结果还是 1；只要有 1 个条件判断结果是 0，与其他任意多的 1 相乘结果都为 0。所以，可以用乘法运算代替 AND 函数。

如图 2-19 所示，我们要判断表中每位学生体质健康测试 4 个项目的成绩是否全部及格，即同时满足 4 个条件"肺活量>=60，坐位体前屈>=60，50 米跑>=60，一分钟跳绳>=60"才是全部及格，可以把这 4 个条件表达式用乘号*连起来做乘法运算实现这个功能。

（1）在 F2 单元格输入"=(B2>=60)*(C2>=60)*(D2>=60)*(E2>=60)"。

注意公式中每个条件用小括号括起来，因为小括号运算顺序的优先级别最高；比较运算符号、标点符号、小括号都要用英文标点符号。因为第 2 行这位同学体质健康测试 4 个项目的成绩都符合条件">=60"，4 个条件的返回结果都用 1 参加数学运算，4 个 1 相乘的积在 F2 单元格返回 1。

（2）选中 F2 单元格，双击单元格右下角的填充柄，即在 F 列得到表格中所有同学体质健康测试 4 个项目的成绩是否全部及格的判断结果，4 个项目全部及格显示数字 1，否则返回数字 0。

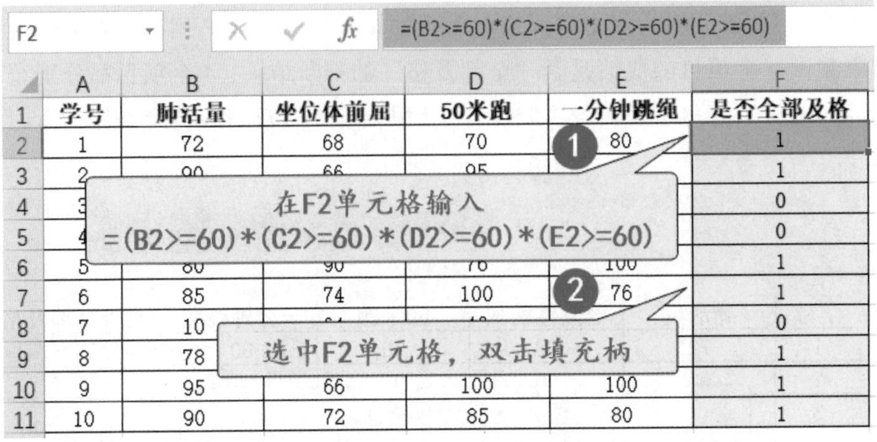

图 2-19 乘法运算判断 4 个项目的成绩是否全部及格

4. IF 函数与 AND 函数组合使用示例

AND 函数可以单独使用，但大多数情况都是与其他函数组合使用的。如图 2-20 所示，以与 IF 函数组合为例，表中学生体质健康测试 4 个项目的成绩在 B 列、C 列、D 列、E 列，只有 4 个项目的成绩全部符合条件"$>=60$"，才在对应行的 F 列显示"全部及格"；只要 1 个项目的成绩不符合条件"$>=60$"，都在对应行的 F 列显示"需补考"。

（1）在 F2 单元格输入"=IF(AND(B2>=60, C2>=60, D2>=60, E2>=60), "全部及格", "需补考")"。

（2）选中 F2 单元格，双击单元格右下角的填充柄，即在 F 列得到"全部及格"或"需补考"的判断结果。

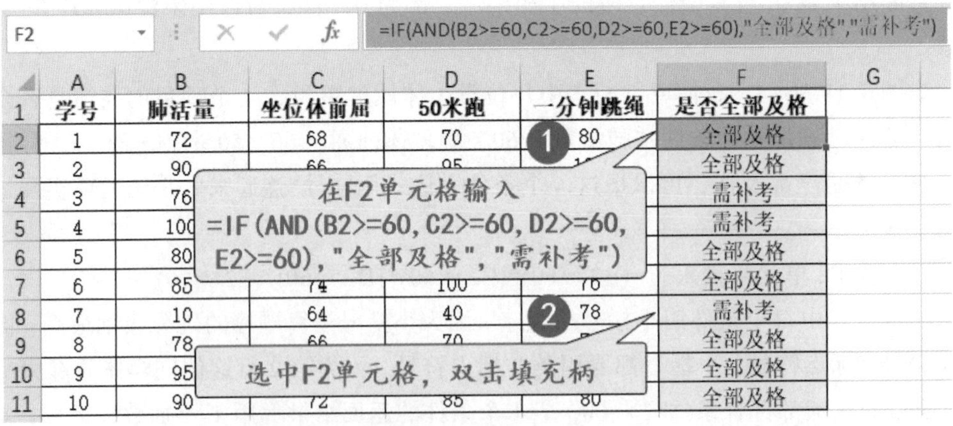

图 2-20 IF 函数与 AND 函数组合判断 4 个项目的成绩是否全部及格

2.3.3 IF 函数与 OR 函数组合

1. OR 函数功能

OR 函数功能执行逻辑判断的特点是"一真则真"，即只要有一个条件满足则都返回逻辑值"TRUE";所有条件都不满足才返回逻辑值"FALSE"。

2. OR 函数语法

=OR(条件 1,条件 2,…)

3. OR 函数示例

1）OR 函数写法

如图 2-21 所示，我们要判断表中每位学生体质健康测试 4 个项目的成绩是否"需补考"，只要有一个项目不及格都"需补考"，如果不需补考就是"全部及格"。用 OR 函数实现这个功能的写法也很简单。

（1）在 F2 单元格输入"=OR(B3<60,C3<60,D3<60,E3<60)"，注意公式中的比较运算符号、标点符号、小括号都要用英文标点符号。因为第 2 行这位同学体质健康测试 4 个项目的成绩都不满足"小于 60 分"的条件，所以在 F2 单元格返回逻辑值"FALSE"。

（2）选中 F2 单元格，双击单元格右下角的填充柄，即在 F 列得到表格中所有同学体质健康测试 4 个项目的成绩是否"需补考"的判断结果，只要有 1 个项目符合条件"小于 60 分"就显示逻辑值"TRUE"，4 个项目都不符合条件"小于 60 分"才返回逻辑值"FALSE"。

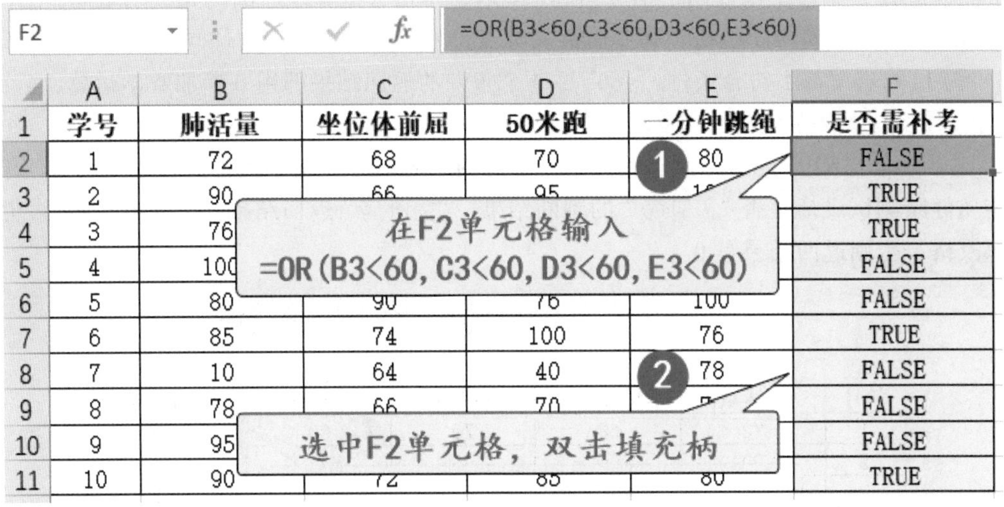

图 2-21　OR 函数判断 4 个项目的成绩是否"需补考"

2）拓展：加法运算替代 OR 函数

在 Excel 中如果逻辑值作为数字运算，TRUE 作为 1，FALSE 作为 0；反过来如果数值作为逻辑值运算，0 表示 FALSE，除了 1 表示 TRUE，所有"非零数值"也表示 TRUE。

前面我们知道了 TRUE 和 FALSE 参加数学运算时被转换成 1 和 0 来用，下面我们再看一下"非 0 数值"替代 TRUE，0 替代 FALSE 的案例，见表 2-4。

表 2-4　数值作为逻辑值运算

项目	"非 0 数值"替代 TRUE	0 替代 FALSE
公式 1	=IF(TRUE,"需补考","全部及格")	=IF(FALSE,"需补考","全部及格")
公式 2	=IF(1,"需补考","全部及格")	=IF(0,"需补考","全部及格")
公式 3	=IF(2,"需补考","全部及格")	
公式 4	=IF(-3,"需补考","全部及格")	
结果	需补考	全部及格

如图 2-22 所示，我们要判断表中每位学生体质健康测试 4 个项目的成绩是否有"小于 60 分"需补考的，即 4 个条件"肺活量<60，坐位体前屈<60，50 米跑<60，一分钟跳绳<60"，只要有 1 个条件成立对应行的结果都是"需补考"，只有 4 个条件都不成立对应行的结果才是"全部合格"。

因为每个条件成立相当于 1、不成立相当于 0，如果把 4 个条件的判断结果做加法运算，因为只要有一个条件是 1 得到的和就是"非 0 数值"，只有 4 个条件都是 0 得到的和才是 0，所以我们用"+"将 4 个条件表达式连起来做加法运算可以代替 OR 函数的功能。

（1）在 F2 单元格输入"=(B3<60)+(C3<60)+(D3<60)+(E3<60)"。

注意公式中每个条件用小括号括起来，因为小括号运算顺序的优先级别最高；比较运算符号、标点符号、小括号都要用英文标点符号。因为第 2 行这位同学体质健康测试 4 个项目的成绩都不符合条件"<60"，4 个条件的返回结果都用 0 参加数学运算，4 个 0 相加的和在 F2 单元格返回 0。

（2）选中 F2 单元格，双击单元格右下角的填充柄，即在 F 列得到表格中所有同学体质健康测试成绩是否"需补考"的判断结果，"需补考"返回结果是大于 0 的数，"全部及格"否则返回结果是 0。

图 2-22　加法运算判断 4 个项目的成绩是否需补考

4. IF 函数与 OR 函数组合使用示例

OR 函数可以单独使用,但大多数情况都是与其他函数组合使用的。如图 2-23 所示,以与 IF 函数组合为例,表中学生体质健康测试 4 个项目的成绩在 B 列、C 列、D 列、E 列,只要有 1 个项目的成绩符合条件"<60",都在对应行的 F 列显示"需补考";只有 4 个项目的成绩都不符合条件"<60",才在对应行的 F 列显示"全部及格"。

（1）在 F2 单元格输入"=IF(OR(B2<60, C2<60, D2<60, E2<60), "需补考", "全部及格")"。

（2）选中 F2 单元格,双击单元格右下角的填充柄,即在 F 列得到"需补考"或"全部及格"的判断结果。

	A	B	C	D	E	F	G
					fx	=IF(OR(B2<60,C2<60,D2<60,E2<60),"需补考","全部及格")	
1	学号	肺活量	坐位体前屈	50米跑	一分钟跳绳	是否全部及格	
2	1	72	68	70	80	全部及格	
3	2	90	66	95		全部及格	
4	3					需补考	
5	4					需补考	
6	5					全部及格	
7	6	85	74	100	76	全部及格	
8	7	10	64	40	78	需补考	
9	8	78	66	70		全部及格	
10	9	95				全部及格	
11	10	90	72	85	80	全部及格	

图 2-23　IF 函数与 OR 函数组合判断 4 个项目的成绩是否需补考

2.4　随机函数

Excel 随机函数对于很多人来说有点陌生,其实随机函数的应用场景很多,如随机排座位、随机排考号、随机点名等。Excel 里有两个专门生成随机数的函数,即生成随机小数的 RAND 函数和生成随机整数的 RANDBETWEEN,本节主要介绍应用较多的 RAND 随机函数的使用方法和典型示例。

2.4.1　使用 RAND 函数生成随机小数

1. RAND 函数功能

RAND 函数的返回值是一个 0 到 1 之间的随机数,每次计算工作表时都将返回一个新的随机数。

2. RAND 函数语法

=RAND()

备注：RAND 函数没有参数。

3. RAND 函数示例

RAND 函数示例如图 2-24 所示。

（1）在 A1 单元格输入公式"=RAND()"，敲回车键，将在 A1 单元格得到一个随机数。

（2）选中 A1 单元格，拖动 A1 单元格右下角的填充柄到 A10 单元格，将在 A1~A10 单元格获得系列随机数。

（3）每次计算工作表时都会重新生成一组随机数；按 F9 键可手动重新计算工作表，产生新的随机数。

（4）如果要让 rand() 函数生成的随机数不再变化，可在复制后粘贴选项中选择"值"。

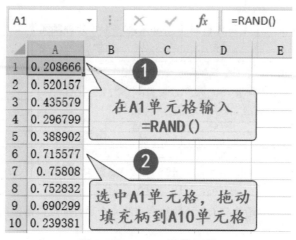

图 2-24　RAND 函数示例

2.4.2　示例：使用 RAND 函数随机排座位

1. 准备人员名单和设计座位表

如图 2-25 所示，假如全班有 48 位学生，座位共 6 排，每排 8 人。

（1）将 48 位学生姓名粘贴到 A2:A49。

（2）6 行 8 列座位规划在 E2:L7。

	A	B	C	D	E	F	G	H	I	J	K	L
1	姓名				第1列	第2列	第3列	第4列	第5列	第6列	第7列	第8列
2	卢钧			第1排								
3	邓涛			第2排								
4	陈嘉仁			第3排								
5	李永熙			第4排								
6	邓绍泉			第5排								
7	梁庆望			第6排								
8	马翠静											
9	莫庆兴											
10	邓锦慧											

图 2-25　准备人员名单和设计座位表

2. 将人员名单自动填入座位表

（1）利用简便方法在座位表里输入"A2、A3、…、A49"，如图 2-26 所示。

① 在 E2 单元格输入 A2，拖动 E2 单元格右下角的填充柄至 L2 单元格，E2:L2 区域依次显示 A2、A3、…、A9。

② 在 E3 单元格输入 A10，拖动 E3 单元格右下角的填充柄至 L3 单元格，E3:L3 区域依次显示 A10、A11、…、A17。

③ 选中 E2:L3 单元格区域，拖动 L3 单元格右下角的填充柄到 L7，E4:L7 区域依次显示 A18、A19、…、A49。

D	E	F	G	H	I	J	K	L	
	第1列	第2列	第3列	第4列	第5列	第6列	第7列	第8列	
第1排	A2	A3	A4	A5	A6	A7	A8	A9	①
第2排	A10	A11	A12	A13	A14	A15	A16	A17	②
第3排	A18	A19	A20	A21	A22	A23	A24	A25	
第4排	A26	A27	A28	A29	A30	A31	A32	A33	③
第5排	A34	A35	A36	A37	A38	A39	A40	A41	
第6排	A42	A43	A44	A45	A46	A47	A48	A49	

图 2-26　利用简便方法在座位表里输入"A2、A3、…、A49"

（2）将"A2、A3、…、A49"批量替换为"=A2、=A3、…、=A49"，如图 2-27 所示。

① 按"Ctrl+H"快捷键调出"查找和替换"对话框。

② 在"查找内容"输入"A"，在"替换为"输入"=A"。

③ 点击"全部替换"按钮，将"A2:A49"的姓名全部自动填入座位表区域"E2:L7"，点击"关闭"按钮，退出"查找和替换"对话框。

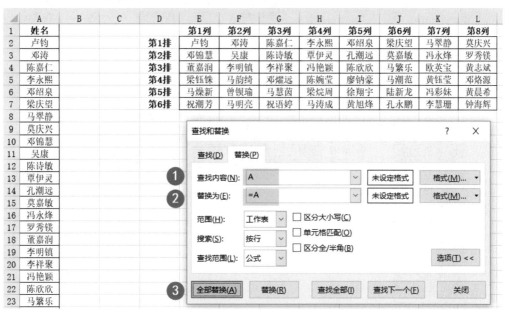

图 2-27　将"A2、A3、…、A49"批量替换为"=A2、=A3、…、=A49"

3. 用 RAND 函数将人员名单随机排序

（1）用 RAND 函数在 B 列生成随机小数，如图 2-28 所示。

① 在姓名旁边的空白列 B 列输入 RAND 函数，在 B2 单元格输入"=RAND()"。

② 双击 B2 单元格右下角的填充柄，即在 B 列生成了一系列随机小数值。

图 2-28　用 RAND 函数在 B 列生成随机小数

（2）利用 RAND 函数在 B 列生成的随机小数对人员名单随机排序，如图 2-29 所示。

① 选中 B 列有数值的任一单元格。

② 单击"数据"菜单，点击"升序"或"降序"按钮。每点击一次，A 列的名单顺序和 E2:L7 区域座位表中的名单顺序就都变化一次，就完成了一次随机安排座位表。

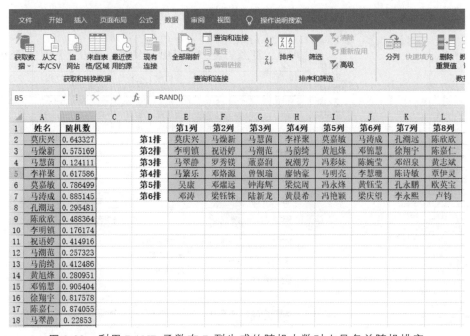

图 2-29　利用 RAND 函数在 B 列生成的随机小数对人员名单随机排序

2.4.3 示例：使用 RAND 函数随机排考号

举行统一检测活动时一般都要将全年级学生打乱顺序安排考号，下面介绍一种使用 RAND 函数随机排考号的方法和步骤。为了方便查看效果，我们选取少部分学生名单模拟随机编考号的方法和步骤，假如全年级有 4 个班共 20 位学生，期末考试需要将全年级学生随机安排到 4 间考室，每间考室 5 人。

1. 思路分析

（1）考号生成：利用文本连接运算符 "&" 将前置符号、班级代码、考室代码、座位代码合并起来，其中前置符号（如学校代码或年级代码）位数任意，班级代码、考室代码、座位代码各占两位。

（2）学生随机：在班级、学生姓名旁边的辅助列利用 RAND 函数生成随机数，然后班级、学生姓名根据辅助列的随机数重新排序。

2. 准备学生名单和设计考号编排表

如图 2-30 所示，表格设计如下：

（1）学生名单：A 列原始序号，B 列班级，C 列姓名，D 列随机数辅助列。

（2）考号编排表：F 列至 J 列分别为班级、姓名、考室号、座位号、考号。

图 2-30　准备学生名单和设计考号编排表

3. 添加考号编排班级、姓名、考号的公式

如图 2-31 所示，方法步骤如下：

（1）在 F4 单元格输入 "=B4"，在 G4 单元格输入 "=C4"，选中 F4:G4 单元格区域，双击 G4 单元格右下角的填充柄，将把 B 列、C 列的班级、姓名数据填充到 F 列、G 列。

（2）在 J4 单元格输入 "=\"2022\"&F4&H4&I4"，其中前面的"2022"可以不要或换成其他任意内容。

（3）双击 J4 单元格右下角的填充柄，就自动生成了所有的考号。下一步 B 列、C 列的班级、姓名重新随机排序后，考号编排将随时自动更新。

	A	B	C	D	E	F	G	H	I	J
1		学生名单						考号编排		
2										
3	原始序	班级	姓名	随机数		班级	姓名	考室号	座位号	考号
4	1	01	蔡文祥		❶	=B4	=C4	01	❷	="2022"&F4&H4&I4
5	2	01	李冰堰			01	李冰堰	01	02	2022010102
6	3	01	王双双			01	王双双	01	03	2022010103
7	4	01	王佳怡			01	王佳怡	01	04	2022010104
8	5	01	许辉			01	许辉	01	05	2022010105
9	6	02	文桌楠			02	文桌楠	02	❸ 01	2022020201
10	7	02	高子奇			02	高子奇	02	02	2022020202
11	8	02	梁雅云			02	梁雅云	02	03	2022020203
12	9	02	安芸绮			02	安芸绮	02	04	2022020204
13	10	03	杨玉			03	杨玉	02	05	2022030205
14	11	03	高雪雪			03	高雪雪	03	01	2022030301
15	12	03	薛文惠			03	薛文惠	03	02	2022030302

图 2-31　添加考号编排班级、姓名、考号的公式

4. 添加学生名单随机数的函数

（1）在学生名单的辅助列生成随机数，如图 2-32 所示。

① 在 D4 单元格输入 "=RAND()"；

② 选中 D4 单元格，双击 D4 单元格右下角的填充柄，即完成了 D 列生成不同的随机数。

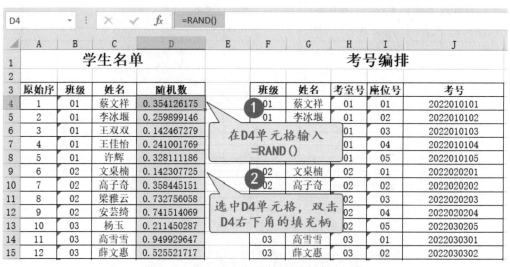

图 2-32　在学生名单的辅助列生成随机数

（2）通过辅助列随机数对学生名单重新排序，如图 2-33 所示。

① 选中 C 列有数值的任一单元格；

② 单击"数据"菜单，点击"升序"或"降序"按钮。每点击一次，A 列、B 列和 E 列、F 列的班级、姓名顺序都变化一次，便完成了一次随机考号安排。

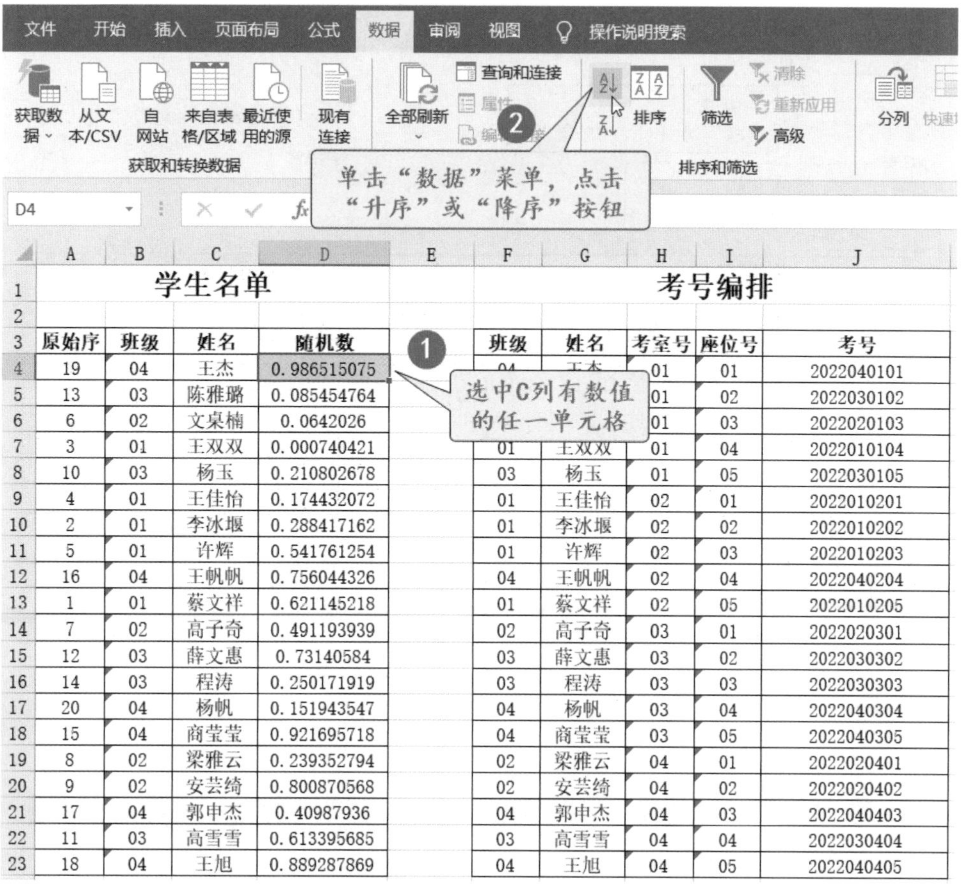

	A	B	C	D	E	F	G	H	I	J
3	原始序	班级	姓名	随机数		班级	姓名	考室号	座位号	考号
4	19	04	王杰	0.986515075		[illegible]	[illegible]	01	01	2022040101
5	13	03	陈雅璐	0.085454764		[illegible]	[illegible]	01	02	2022030102
6	6	02	文桌楠	0.0642026		[illegible]	[illegible]	01	03	2022020103
7	3	01	王双双	0.000740421		01	王双双	01	04	2022010104
8	10	03	杨玉	0.210802678		03	杨玉	01	05	2022030105
9	4	01	王佳怡	0.174432072		01	王佳怡	02	01	2022010201
10	2	01	李冰堰	0.288417162		01	李冰堰	02	02	2022010202
11	5	01	许辉	0.541761254		01	许辉	02	03	2022010203
12	16	04	王帆帆	0.756044326		04	王帆帆	02	04	2022040204
13	1	01	蔡文祥	0.621145218		01	蔡文祥	02	05	2022010205
14	7	02	高子奇	0.491193939		02	高子奇	03	01	2022020301
15	12	03	薛文惠	0.73140584		03	薛文惠	03	02	2022030302
16	14	03	程涛	0.250171919		03	程涛	03	03	2022030303
17	20	04	杨帆	0.151943547		04	杨帆	03	04	2022040304
18	15	04	商莹莹	0.921695718		04	商莹莹	03	05	2022040305
19	8	02	梁雅云	0.239352794		02	梁雅云	04	01	2022020401
20	9	02	安芸绮	0.800870568		02	安芸绮	04	02	2022020402
21	17	04	郭申杰	0.40987936		04	郭申杰	04	03	2022040403
22	11	03	高雪雪	0.613395685		03	高雪雪	04	04	2022030404
23	18	04	王旭	0.889287869		04	王旭	04	05	2022040405

图 2-33　通过辅助列随机数对学生名单重新排序

5. 去掉公式只保留考号编排结果

Excel 具有随机函数的表格每次计算工作表时都会重新生成新的一组随机数，上面保留了所有公式的考号编排，考号将随时发生变化，在实际使用的时候，需要去掉公式只保留考号编排结果。可按以下操作方法和步骤实现去掉公式只保留考号编排结果。

（1）复制整个表格，如图 2-34 所示。

① 将光标移到表格第 1 行和 A 列交叉点倒三角位置进行单击，选中整个表格；也可直接在键盘上的快捷组合键“Ctrl+A”选中整个表格。

② 单击“开始”菜单中的“复制”按钮；也可直接在键盘上的快捷组合键“Ctrl+C”或右键快捷菜单中选择“复制”命令。

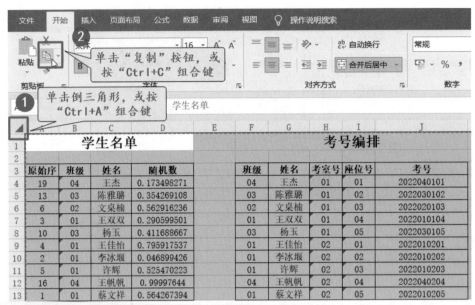

图 2-34　复制表格

（2）选择性粘贴"只保留值"，如图 2-35 所示。

① 单击"开始"菜单中"粘贴"下面的下拉选项。

② 单击下拉选项中"粘贴数值"中的"值"，表格中的公式就被去掉了。

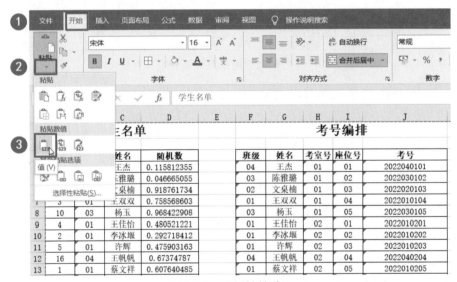

图 2-35　选择性粘贴

第 3 章

Excel 万能统计函数

Excel 里有 400 多个函数，每个函数都是针对某一种问题而设计的，但是在这些函数中，有的函数同时具备多种功能，因此被广大的函数爱好者冠以"万能函数"的称号。本章将学习 Excel 中功能强大的求和函数 SUMPRODUCT，只用 SUMPRODUCT 这一个"万能函数"就能在一张表中直接统计多所学校、多个班级、多个项目的各项成绩。SUMPRODUCT 怎么记呢？其实结合英语就能很好地理解 SUMPRODUCT 函数，sum 是和，product 是积，结合起来就是乘积之和。

3.1 单条件求和

单条件求和语法：
=SUMPRODUCT((条件区域=条件)*求和区域)

3.1.1 计算"豪力学校"的"一分钟跳绳"项目总分

如图 3-1 所示，求豪力学校体质健康测试"一分钟跳绳"的总分，公式为：
=SUMPRODUCT((B4:B18="豪力学校")*(E4:E18))
我们来看一下 SUMPRODUCT 函数在这个示例中的计算过程是怎样的？
（1）判断条件是否成立。
逐行判断"B4:B18"单元格里的内容是否等于"豪力学校"，如相等返回结果 1，否则返回结果 0。
（2）逐行将条件返回结果与求和数据求乘积。
将"B4:B18"每行条件判断返回的"0 或 1"，与"E4:E18"对应每行的数据求乘积。

（3）统计所有乘积之和。

最后结果是每行返回的乘积之和。

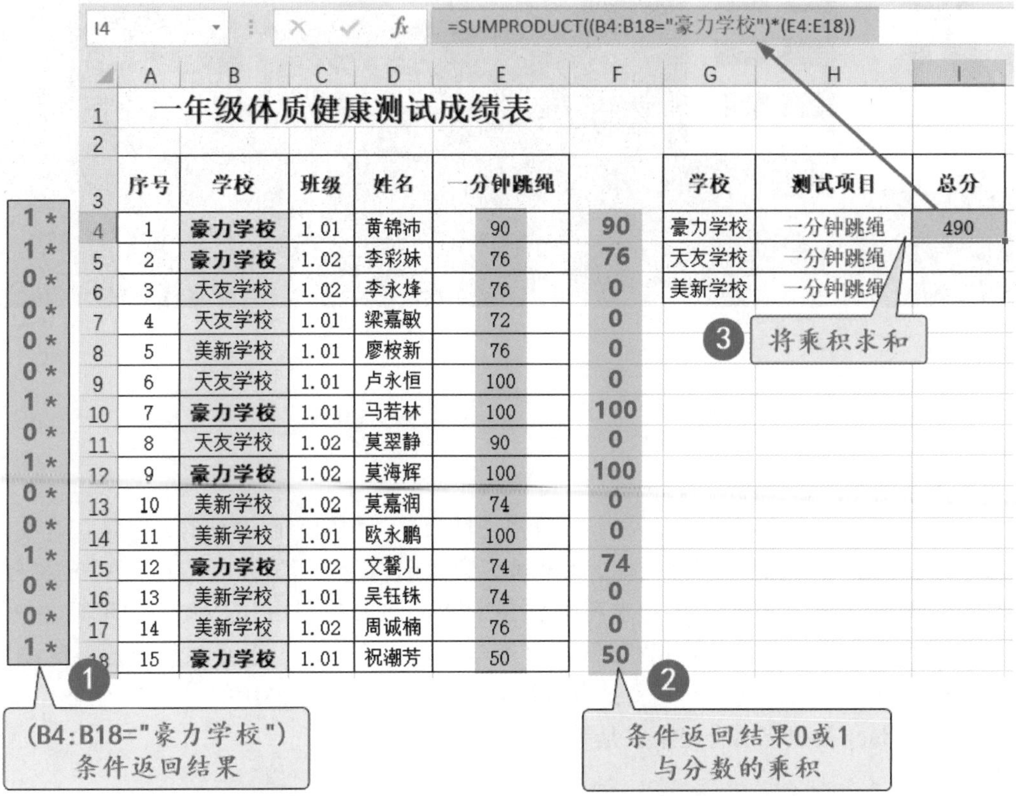

图 3-1 计算"豪力学校"的"一分钟跳绳"项目总分

3.1.2 计算多个学校的"一分钟跳绳"项目总分

如果要复制"图 3-2"中 I4 单元格中的公式到 I5 单元格、I6 单元格，直接计算出"天友学校"和"美新学校"一分钟跳绳的总分，我们分析一下 I4 单元格的公式中哪些地址需要"绝对引用"，哪些地址需要"相对引用"，哪些地址需要"混合引用"。

（1）图 3-2 中 I4 单元格公式中的"B4:B18"，表示"学校"所在的单元格区域，可以选中公式中的"B4:B18"后按快捷键 F4，修改成行列都锁定的绝对引用"$B$4:$B$18"，也可以修改成仅锁定行的混合引用"B$4:B$18"。

（2）图 3-2 中 I4 单元格公式中的"豪力学校"，表示要计算哪所学校，可以用相对引用地址"G4"代替。

（3）图 3-2 中 I4 单元格公式中的成绩表中的"E4:E18"，表示"一分钟跳绳"成绩所在的单元格区域，可以选中公式中的"E4:E18"后按快捷键 F4，修改成行列都锁定的绝对引用"$E$4:$E$18"，也可以修改成仅锁定行的混合引用"E$4:E$18"。

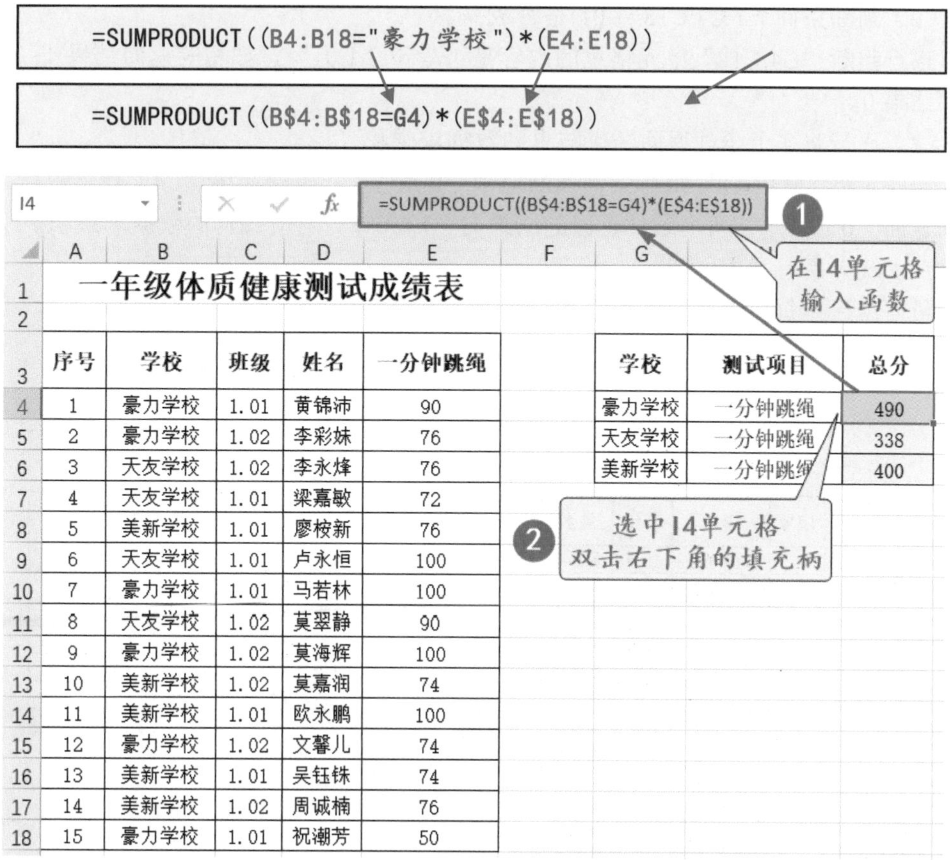

=SUMPRODUCT((B4:B18="豪力学校")*(E4:E18))

=SUMPRODUCT((B$4:B$18=G4)*(E$4:E$18))

| I4 | | ✕ ✓ fx | =SUMPRODUCT((B$4:B$18=G4)*(E$4:E$18)) | ① |

在I4单元格
输入函数

	A	B	C	D	E	F	G	H
1	一年级体质健康测试成绩表							
2								
3	序号	学校	班级	姓名	一分钟跳绳		学校	测试项目	总分
4	1	豪力学校	1.01	黄锦沛	90		豪力学校	一分钟跳绳	490
5	2	豪力学校	1.02	李彩妹	76		天友学校	一分钟跳绳	338
6	3	天友学校	1.02	李永烽	76		美新学校	一分钟跳绳	400
7	4	天友学校	1.01	梁嘉敏	72				
8	5	美新学校	1.01	廖桉新	76				
9	6	天友学校	1.01	卢永恒	100				
10	7	豪力学校	1.01	马若林	100				
11	8	天友学校	1.02	莫翠静	90				
12	9	豪力学校	1.02	莫海辉	100				
13	10	美新学校	1.02	莫嘉润	74				
14	11	美新学校	1.01	欧永鹏	100				
15	12	豪力学校	1.02	文馨儿	74				
16	13	美新学校	1.01	吴钰铢	74				
17	14	美新学校	1.02	周诚楠	76				
18	15	豪力学校	1.01	祝潮芳	50				

② 选中I4单元格
双击右下角的填充柄

图 3-2　计算多个学校的"一分钟跳绳"项目总分

3.2　多条件求和

多条件求和语法：

=SUMPRODUCT((条件区域 1=条件 1)*(条件区域 2=条件 2)*(条件区域 n=条件 n)*求和区域)

3.2.1　计算"豪力学校 1.01 班"的"一分钟跳绳"项目总分

如图 3-3 所示，求"豪力学校 1.01 班"体质健康测试"一分钟跳绳"项目的总分，公式为：

=SUMPRODUCT((B4:B18="豪力学校")*(C4:C18=1.01)*(E4:E18))

我们来看一下 SUMPRODUCT 函数在这个示例中的计算过程是怎样的？

（1）判断条件 1（B4:B18="豪力学校"）是否成立。

逐行判断"B4:B18"单元格里的内容是否等于"豪力学校"，如相等返回结果 1，否则返回结果 0。

（2）判断条件 2（C4:C18=1.01)是否成立。

逐行判断"C4:C18"单元格里的内容是否等于"1.01"，如相等返回结果 1，否则返回结果 0。

（3）逐行将多个条件返回结果与求和数据求乘积。

条件 1 将"B4:B18"每行条件判断返回"0 或 1"，条件 2 将"C4:C18"每行条件判断返回"0 或 1"，两个条件返回的结果与"E4:E18"对应每行的数据求乘积。

（4）统计所有乘积之和。

最后结果是每行返回的乘积之和。

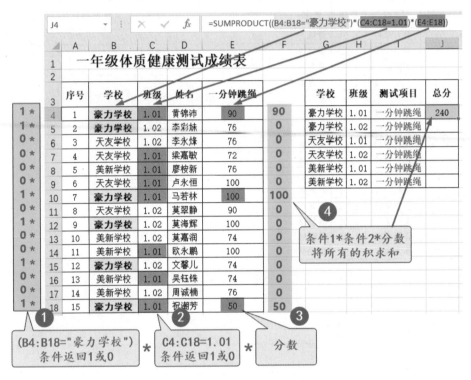

图 3-3 　计算"豪力学校 1.01 班"的"一分钟跳绳"项目总分

3.2.2 计算多所学校、多个班级的"一分钟跳绳"项目总分

如果要复制"图 3-4"中 J4 单元格中的公式到 J5:J9 单元格，直接计算出三所学校、每个班级"一分钟跳绳"的总分，我们分析一下 J4 单元格的公式中哪些地址需要"绝对引用"，哪些地址需要"相对引用"，哪些地址需要"混合引用"。

（1）图 3-4 中 J4 单元格公式中的"B4:B18"，表示"学校"所在的单元格区域，可以选中公式中的"B4:B18"后按快捷键 F4，修改成行列都锁定的绝对引用"$B$4:$B$18"，也可以修改成仅锁定行的混合引用"B$4:B$18"。

（2）图 3-4 中 J4 单元格公式中的"豪力学校"，表示要计算哪所学校，可以用相对引用地址"G4"代替。

（3）图 3-4 中 J4 单元格公式中的"C4:C18"，表示"学校班级"所在的单元格区域，可以选中公式中的"C4:C18"后按快捷键 F4，修改成行列都锁定的绝对引用"$C$4:$C$18"，也可以修改成仅锁定行的混合引用"C$4:C$18"。

（4）图 3-4 中 J4 单元格公式中的"1.01"，表示要计算哪个班级，可以用相对引用地址"H4"代替。

（5）图 3-4 中 J4 单元格公式中的成绩表中的"E4:E18"，表示"一分钟跳绳"成绩所在的单元格区域，可以选中公式中的"E4:E18"后按快捷键 F4，修改成行列都锁定的绝对引用"$E$4:$E$18"，也可以修改成仅锁定行的混合引用"E$4:E$18"。

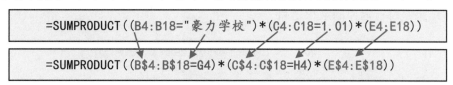

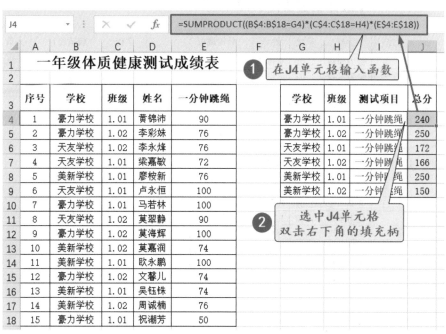

图 3-4　计算多所学校、多个班级的"一分钟跳绳"项目总分

3.3　单条件计数

单条件计数语法：
=SUMPRODUCT((条件区域=条件)*1)

3.3.1　计算"豪力学校"参加"一分钟跳绳"测试的人数

如图 3-5 所示，求豪力学校体质健康测试一分钟跳绳的总分，公式为：
=SUMPRODUCT((B4:B18="豪力学校")*1)

我们来看一下 SUMPRODUCT 函数在这个示例中的计算过程是怎样的？

（1）判断条件是否成立。

逐行判断 "B4:B18" 单元格里的内容是否等于 "豪力学校"，如相等返回结果 1，否则返回结果 0。

（2）逐行将条件返回结果与 1 求乘积。

将 "B4:B18" 每行条件判断返回的 "0 或 1"，与 1 求乘积。

（3）统计所有乘积之和。

最后结果是每行返回的乘积之和。

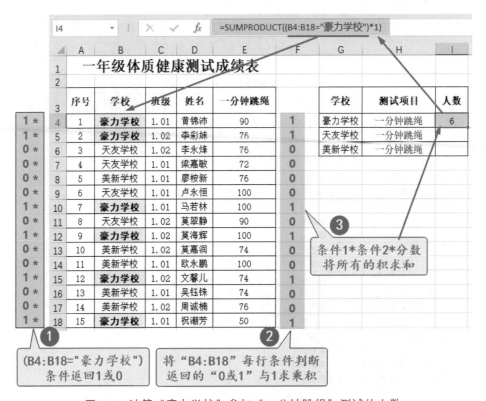

图 3-5 计算 "豪力学校" 参加 "一分钟跳绳" 测试的人数

3.3.2 计算多个学校参加 "一分钟跳绳" 测试的人数

如果要复制 "图 3-6" 中 I4 单元格中的公式到 I5 单元格、I6 单元格，直接计算出 "天友学校" 和 "美新学校" 参加 "一分钟跳绳" 测试的人数，我们分析一下 I4 单元格的公式中哪些地址需要 "绝对引用"，哪些地址需要 "相对引用"，哪些地址需要 "混合引用"。

（1）图 3-6 中 I4 单元格公式中的 "B4:B18"，表示 "学校" 所在的单元格区域，可以选中公式中的 "B4:B18" 后按快捷键 F4，修改成行列都锁定的绝对引用 "$B$4:$B$18"，也可以修改成仅锁定行的混合引用 "B$4:B$18"。

（2）图 3-6 中 I4 单元格公式中的 "豪力学校"，表示要计算哪所学校，可以用相对引用地址"G4"代替。

=SUMPRODUCT((B4:B18="豪力学校")*1)

=SUMPRODUCT((B$4:B$18=G4)*1)

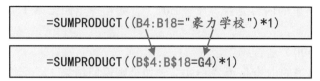

图 3-6　计算多个学校参加"一分钟跳绳"测试的人数

3.4　多条件计数

多条件计数语法：
=SUMPRODUCT((条件区域 1=条件 1)*(条件区域 2=条件 2) *(条件区域 n=条件 n))

3.4.1　计算"豪力学校 1.01 班""一分钟跳绳"测试优秀人数

如图 3-7 所示，求"豪力学校 1.01 班"参加"一分钟跳绳"测试的优秀人数，公式为：
=SUMPRODUCT((B4:B18="豪力学校")*(C4:C18=1.01)*(E4:E18>=90))
我们来看一下 SUMPRODUCT 函数在这个示例中的计算过程是怎样的？
（1）判断条件 1（B4:B18="豪力学校")是否成立。
逐行判断"B4:B18"单元格里的内容是否等于"豪力学校"，如相等返回结果 1，否则返回结果 0。

（2）判断条件 2（C4:C18=1.01）是否成立。

逐行判断"C4:C18"单元格里的内容是否等于"1.01"，如相等返回结果 1，否则返回结果 0。

（3）判断条件 3（E4:E18>=90）是否成立。

逐行判断"E4:E18"单元格里的内容是否">=90"，如是则返回结果 1，否则返回结果 0。

（4）逐行将多个条件返回结果求乘积。

（5）统计所有乘积之和。

最后结果是每行返回的乘积之和。

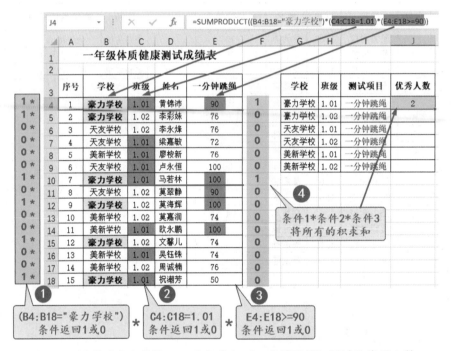

图 3-7　计算"豪力学校 1.01 班"参加"一分钟跳绳"测试的优秀人数

3.4.2　计算多所学校、多个班级"一分钟跳绳"测试优秀人数

如果要复制"图 3-8"中 J4 单元格中的公式到 J5:J9 单元格，直接计算出三所学校、每个班级参加"一分钟跳绳"测试的优秀人数，我们分析一下 J4 单元格的公式中哪些地址需要"绝对引用"，哪些地址需要"相对引用"，哪些地址需要"混合引用"。

（1）图 3-8 中 J4 单元格公式中的"B4:B18"，表示"学校"所在的单元格区域，可以选中公式中的"B4:B18"后按快捷键 F4，修改成行列都锁定的绝对引用"$B$4:$B$18"，也可以修改成仅锁定行的混合引用"B$4:B$18"。

（2）图 3-8 中 J4 单元格公式中的"豪力学校"，表示要计算哪所学校，可以用相对引用地址"G4"代替。

（3）图 3-8 中 J4 单元格公式中的"C4:C18"，表示"学校班级"所在的单元格区域，可以选中公式中的"C4:C18"后按快捷键 F4，修改成行列都锁定的绝对引用"$C$4:$C$18"，也可以修改成仅锁定行的混合引用"C$4:C$18"。

（4）图 3-8 中 J4 单元格公式中的"1.01"，表示要计算哪个班级，可以用相对引用地址"H4"代替。

（5）图 3-8 中 J4 单元格公式中的成绩表中的"E4:E18"，表示"一分钟跳绳"成绩所在的单元格区域，可以选中公式中的"E4:E18"后按快捷键 F4，修改成行列都锁定的绝对引用"$E$4:$E$18"，也可以修改成仅锁定行的混合引用"E$4:E$18"。

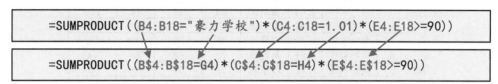

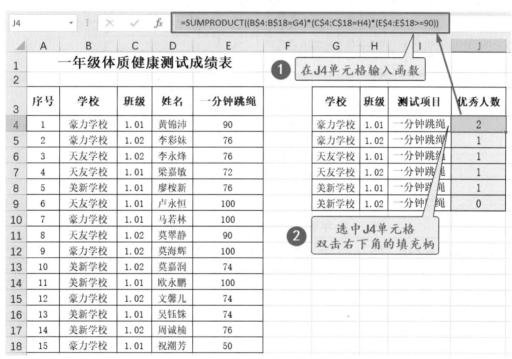

图 3-8　计算多所学校、多个班级参加"一分钟跳绳"测试的优秀人数

3.5　一个函数完成分校分班分科成绩统计

3.5.1　了解任务

根据如图 3-9 所示的一年级体质健康测试成绩表，直接统计出如图 3-10 所示的三所学校、四个项目、各个班级的参考人数、总分、平均分、优秀人数、良好人数、及格人数及各分数段人数等。

一年级体质健康测试成绩表

序号	学校	班级	姓名	肺活量	坐位体前屈	短跑50米	一分钟跳绳
1	豪力学校	1.01	文荣成	72	68	70	80
2	豪力学校	1.01	马若林	90	66	95	100
3	豪力学校	1.01	祝潮芳	76	72	10	50
4	豪力学校	1.01	黄锦沛	100	85	66	90
5	豪力学校	1.02	莫海辉	80	90	76	100
6	豪力学校	1.02	李彩姝	85	74	100	76
7	豪力学校	1.02	文馨儿	85	72	100	74
8	美新学校	1.01	吴钰铢	78	66	70	74
9	美新学校	1.01	欧永鹏	95	66	100	100
10	美新学校	1.01	廖桉新	72	68	76	76
11	美新学校	1.02	莫嘉润	70	64	68	74
12	美新学校	1.02	周诚楠	70	60	70	76
13	美新学校	1.02	邓欣欣	74	62	72	78
14	美新学校	1.02	廖国青	10	64	40	78
15	美新学校	1.02	卢翠芳	90	72	85	80
16	天友学校	1.01	黄萍萍	90	80	100	95
17	天友学校	1.01	梁嘉敏	100	50	20	72
18	天友学校	1.01	卢永恒	100	85	100	100
19	天友学校	1.02	李永烽	64	68	68	76
20	天友学校	1.02	莫翠静	78	74	74	90
21	天友学校	1.02	冯晨希	80	64	74	74

图 3-9　一年级体质健康测试成绩表

一年级体质健康测试成绩统计表

学校	班级	测试项目	参考人数	总分	平均分	优秀人数	优秀率	良好人数	良好率	及格人数	及格率	90-100人数	80-89人数	60-79人数	40-59人数	0-39人数
豪力学校	1.01	肺活量														
豪力学校	1.02	肺活量														
天友学校	1.01	肺活量														
天友学校	1.02	肺活量														
美新学校	1.01	肺活量														
美新学校	1.02	肺活量														
豪力学校	1.01	坐位体前屈														
豪力学校	1.02	坐位体前屈														
天友学校	1.01	坐位体前屈														
天友学校	1.02	坐位体前屈														
美新学校	1.01	坐位体前屈														
美新学校	1.02	坐位体前屈														
豪力学校	1.01	短跑50米														
豪力学校	1.02	短跑50米														
天友学校	1.01	短跑50米														
天友学校	1.02	短跑50米														
美新学校	1.01	短跑50米														
美新学校	1.02	短跑50米														
豪力学校	1.01	一分钟跳绳														
豪力学校	1.02	一分钟跳绳														
天友学校	1.01	一分钟跳绳														
天友学校	1.02	一分钟跳绳														
美新学校	1.01	一分钟跳绳														
美新学校	1.02	一分钟跳绳														

备注：90分以上为优秀，80分以上为良好，60分以上为合格，60分以下为不及格。

图 3-10　一年级体质健康测试成绩统计表

3.5.2　分析方法

1. 普通方法

如图 3-11 所示，普通方法不能在一个成绩表中直接统计出多所学校、多个班级的各项成绩，就要将成绩总表里每个班级的成绩分别复制出来，然后用求和、求平均值、计数、条件计数等普通函数对各个班级分别进行统计，再将各个班级的统计结果复制到成绩统计总表，非常费时费力。

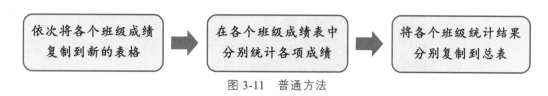

图 3-11　普通方法

2. 万能函数

如图 3-12 所示，如果用万能函数 SUMPRODUCT 进行统计，将成绩表各列数据定义名称，完成一个班的成绩统计后，只需双击这个班统计结果的填充柄，就可一次性完成所有班级的各项成绩统计，非常快捷，而且公式的可读性更高，修改更方便。

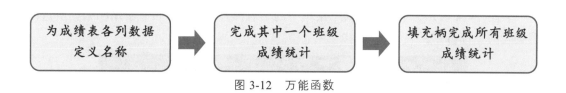

图 3-12　万能函数

3.5.3　操作步骤

1. 根据所选内容创建名称

（1）批量自定义名称，如图 3-13 所示。

① 选中后面统计要用的学校、班级、各个项目包含列标题的数据区域。

② 单击"公式"菜单栏中"根据所选内容创建"按钮。

③ 在弹出的对话框中勾选"首行"复选框，点击"确定"按钮。

至此，便批量完成了"学校、班级、姓名、肺活量、坐位体前屈、短跑 50 米、一分钟跳绳"几个名称的定义。

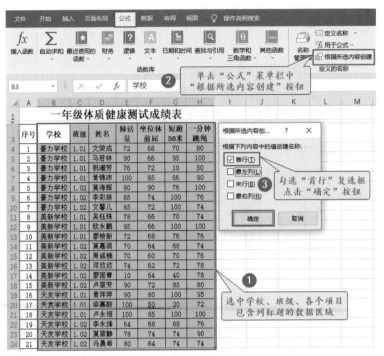

图 3-13　根据所选内容创建名称

（2）查看自定义的名称。

如图 3-14 所示，单击"公式"菜单中的"名称管理器"，可查看刚刚根据所选内容创建的全部名称。

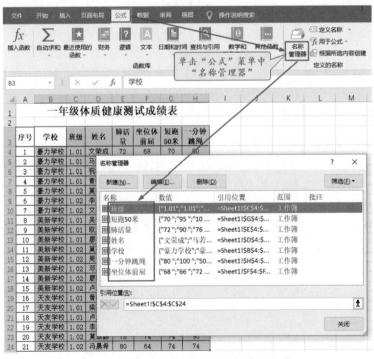

图 3-14　查看根据所选内容创建的名称

2. 用万能函数完成第一行各个栏目函数的编辑

如图 3-15 所示，完成第一行各个栏目函数的编辑。

1）输入求豪力学校 1.01 班参考人数的公式

在 M4 单元格中输入公式：

=SUMPRODUCT((学校=$J4)*(班级=$K4)*1)

2）输入求豪力学校 1.01 班"肺活量"项目总分的公式

在 N4 单元格中输入公式：

=SUMPRODUCT((学校=$J4)*(班级=$K4)*INDIRECT($L4))

3）输入求豪力学校 1.01 班"肺活量"项目平均分的公式

在 O4 单元格中输入公式：

=N4/$M4

4）输入求豪力学校 1.01 班"肺活量"项目优秀人数的公式

在 P4 单元格中输入公式：

=SUMPRODUCT((学校=$J4)*(班级=$K4)*(INDIRECT($L4)>=90))

5）输入求豪力学校 1.01 班"肺活量"项目优秀率的公式

在 Q4 单元格中输入公式：

=P4/$M4

将 Q4 单元格中的公式复制粘贴到 S4 单元格、U4 单元格，即可自动得到良好率、及格率的公式和正确的结果。

6）输入求豪力学校 1.01 班"肺活量"项目 80～90 分人数的公式

在 W4 单元格中输入公式：

=SUMPRODUCT((学校=$J4)*(班级=$K4)*(INDIRECT($L4)>=80)*(INDIRECT($L4)<90))

其他 60～79 分人数、40～59 分人数、0～39 分人数的公式与此类似，将 W4 单元格的公式复制到对应单元格中，修改一下最后两个条件中 80、90 两个数字就可以得到想要的公式和正确的结果。

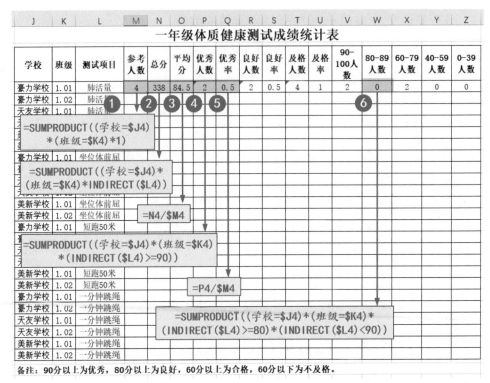

图 3-15 在一张成绩表中完成任意学校、班级、科目的"一分三率"和分数段统计

3. 使用填充柄完成所有学校、班级、科目的成绩统计

如图 3-15 所示,选中 M4:Z4,双击 Z4 右下角的方形点填充柄,即完成了所有学校、所有班级、所有科目的"一分三率"和分数段统计。

使用万能函数 SUMPRODUCT 在一张成绩表中完成所有学校、所有班级、所有科目的"一分三率"和分数段统计,有三个要点:第一个要点是一次性为成绩表各列定义名称,第二个要点是合理使用 INDIRECT 函数将单元格中内容当成定义的名称使用,第三个要点是合理使用混合引用。第一个要点与第二个要点有机结合,可以让普通方法非常烦琐、非常复杂的统计变得非常简单、非常快捷。

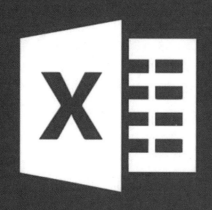

第4章

Excel 数据分析神器

面对各类成绩表，只动鼠标，不敲键盘，就能快速完成各镇、各校或各班的参考人数、平均分、各分数段人数，这就是本章要学习的 Excel 数据分析神器——数据透视表。Excel 的数据透视表是一种可以快速汇总、分析和处理大量数据的交互式工具，可以快速地从一张复杂表格中提取我们想要的汇总数据。

4.1 创建数据透视表

如图 4-1 所示，为一年级体质健康测试成绩表创建数据透视表的方法如下：

第一步：① 单击成绩表任一单元格；② 选择"插入"菜单；③ 单击"数据透视表"。

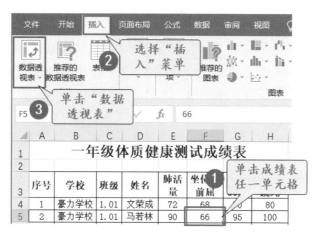

图 4-1 选择插入"数据透视表"的步骤

第二步：如图 4-2 所示，在弹出的对话框中单击"确定"，这一步也可以根据自己的需要选择在"现有工作表"某个位置放置数据透视表的位置。

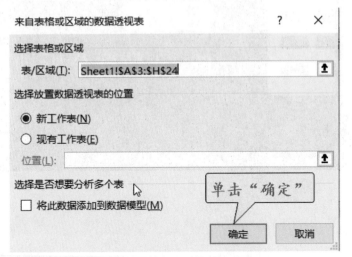

图 4-2　创建数据透视表对话框

如图 4-3 所示，至此我们已经完成了数据透视表的创建，此时的表还没有添加数据。

图 4-3　空的数据透视表

4.2　编辑数据透视表

如图 4-4 所示，编辑数据透视表的方法如下：

第一步：① 根据需要将部分字段拖入数据透视表的"行"或"列"区域；②根据需要将部分字段拖入数据透视表的"值"区域。

可以根据需要把某个字段多次拖入"值"区域，因为可以对某字段同时进行"计数""总分""平均分""最大值""最小值"等。

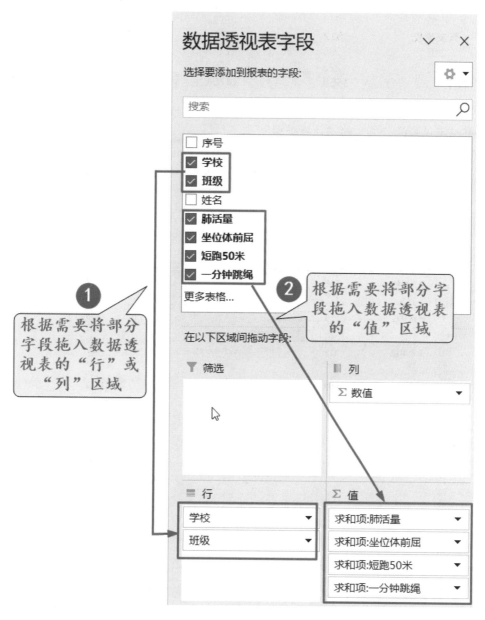

图 4-4　设置数据透视表字段

拖动字段到相应区域后即可生成如图 4-5 所示的默认数据透视表。

行标签	求和项:肺活量	求和项:坐位体前屈	求和项:短跑50米	求和项:一分钟跳绳
豪力学校	**588**	**527**	**517**	570
1.01	338	291	241	320
1.02	250	236	276	250
美新学校	**559**	**522**	**581**	636
1.01	245	200	246	250
1.02	314	322	335	386
天友学校	**512**	**421**	**436**	507
1.01	290	215	220	267
1.02	222	206	216	240
总计	**1659**	**1470**	**1534**	**1713**

图 4-5　默认数据透视表

第二步：修改"值"的"计算类型"。

"值"区域的字符型字段默认会使用计数统计、数值型字段默认会使用求和统计，如果数值型字段的四个项目我们想要的结果不是求和，而是平均值、计数或最大值、最小值，该怎么操作呢？有以下两种方法：

方法一如图 4-6 所示：①右键单击在数据透视表中需要修改数据列的某个单元格；②在弹出的快捷菜单中单击"值汇总依据"；③ 单击需要的计算方式，如"平均值"。

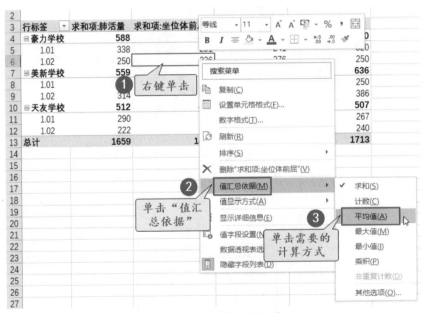

图 4-6　"值字段设置"方法一

方法二如图 4-7 所示：① 在"值"区域选择所需修改的字段；② 单击"值字段设置"；③ 在弹出的对话框中可以在值汇总方式中选择我们所需的计算类型，如"平均值"；④ 单击"确定"。

图 4-7 "值字段设置"方法二

4.3 美化数据透视表

Excel 默认生成的数据透视表，有时候看着觉得很别扭，可以通过简单的操作将它修改为普通统计的表格效果。

第一步：修改数据透视表"报表布局"显示方式，如图 4-8 所示。

① 单击透视表中任意单元格；② 单击"设计"菜单；③ 单击"报表布局"，选择"以表格形式显示"；④ 单击"报表布局"，选择"重复所有项目标签"。

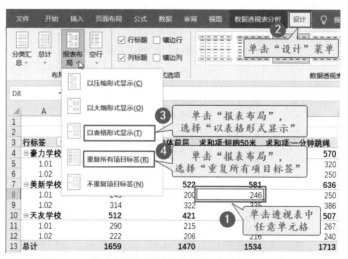

图 4-8 修改数据透视表"报表布局"显示方式

第二步：修改数据透视表"分类汇总"显示方式，如图 4-9 所示。

① 单击透视表中任意单元格；② 单击"设计"菜单；③ 单击"分类汇总"，选择"不显示分类汇总"。

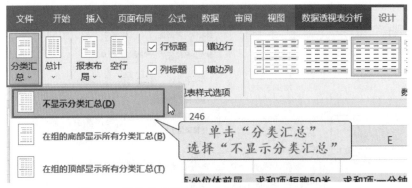

图 4-9　修改数据透视表"分类汇总"显示方式

第三步：设置数据区域的数字显示格式，如平均分可以选择保留一位小数。

第四步：设置单元格对齐方式，如可以设置为"居中"对齐。

第五步：修改列标题，注意修改的列标题不能与透视表中已有的字段名重名。

第三～五步，也可以将数据透视表复制粘贴为普通表格后，再进行想要的格式设置，将更灵活和方便。

4.4　快速统计分校分班分科人数及平均分

4.4.1　了解任务

要根据如图 4-10 所示的一年级体质健康测试成绩表，快速统计出如图 4-11 所示的三所学校、各个班级、四个项目的参考人数和平均分。

序号	学校	班级	姓名	肺活量	坐位体前屈	短跑50米	一分钟跳绳
1	豪力学校	1.01	文荣成	72	68	70	80
2	豪力学校	1.01	马若林	90	66	95	100
3	豪力学校	1.01	祝潮芳	76	72	10	50
4	豪力学校	1.01	黄锦沛	100	85	66	90
5	豪力学校	1.02	莫海辉	80	90	76	100
6	豪力学校	1.02	李彩姝	85	74	100	76
7	豪力学校	1.02	文馨儿	85	72	100	74
8	美新学校	1.01	吴钰铢	78	66	70	74
9	美新学校	1.01	欧永鹏	95	66	100	100
10	美新学校	1.01	廖桉新	72	68	76	76
11	美新学校	1.02	莫嘉润	70	64	68	74
12	美新学校	1.02	周诚楠	70	60	70	76
13	美新学校	1.02	邓欣欣	74	62	72	78
14	美新学校	1.02	廖国青	10	64	40	78
15	美新学校	1.02	卢翠芳	90	72	85	80
16	天友学校	1.01	黄萍萍	90	80	100	95
17	天友学校	1.01	梁嘉敏	100	50	20	72
18	天友学校	1.01	卢永恒	100	85	100	100
19	天友学校	1.02	李永烽	64	68	68	76
20	天友学校	1.02	莫翠静	78	74	74	90
21	天友学校	1.02	冯晨希	80	64	74	74

图 4-10　一年级体质健康测试成绩表

数据源规范：数据表不能有合并单元格，表中不能有空行，列标题名不能有重复内容且不能为空，同一列的数据类型要一致。

学校	班级	人数	平均分:肺活量	平均分:坐位体前屈	平均分:一分钟跳绳
⊟ 豪力学校	1.01	4	84.5	72.8	80.0
豪力学校	1.02	3	83.3	78.7	83.3
⊟ 美新学校	1.01	3	81.7	66.7	83.3
美新学校	1.02	5	62.8	64.4	77.2
⊟ 天友学校	1.01	3	96.7	71.7	89.0
天友学校	1.02	3	74.0	68.7	80.0
总计		21	79.0	70.0	81.6

图 4-11　一年级体质健康测试成绩各班人数及平均分数据透视表

4.4.2　分析方法

1. 普通方法

普通方法不能在一个成绩表中直接统计出多所学校、多个班级的各项成绩，要将成绩总表里每个班级的成绩分别复制出来，然后用求和、求平均、计数、条件计数等普通函数对各个班级分别进行统计，再将各个班级的统计结果复制到成绩统计总表，如图4-12所示，非常费时费力。

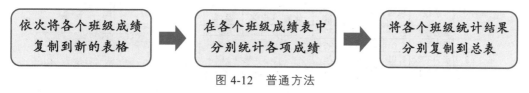

图 4-12　普通方法

2. 万能函数

如图 4-13 所示，如果用万能函数 SUMPRODUCT 进行统计，将成绩表各列数据定义名称，完成一个班的成绩统计后，只需双击这个班统计结果的填充柄，就可一次性完成所有班级的各项成绩统计，非常快捷，而且公式的可读性更高，修改更方便。

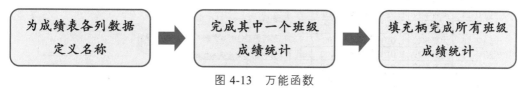

图 4-13　万能函数

3. 数据透视表

如图 4-14 所示，如果用数据透视表进行统计，只需用鼠标选中数据区域，插入数据透视表，拖动统计字段并选择计算类型即可。

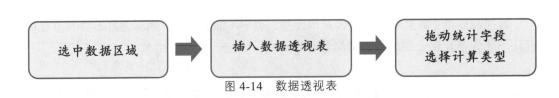

图 4-14　数据透视表

4.4.3　操作步骤

1. 打开创建数据透视表对话框

如图 4-15 所示：①单击成绩表中任一单元格；②打开"插入"菜单；③点击"数据透视表"；④在弹出的对话框中选择放置数据透视表的位置，一般选择"新工作表"，这里为了更直观，选择"现有工作表"；⑤在现有工作表中选择放置透视表的左上角单元格位置；⑥单击"确定"按钮。

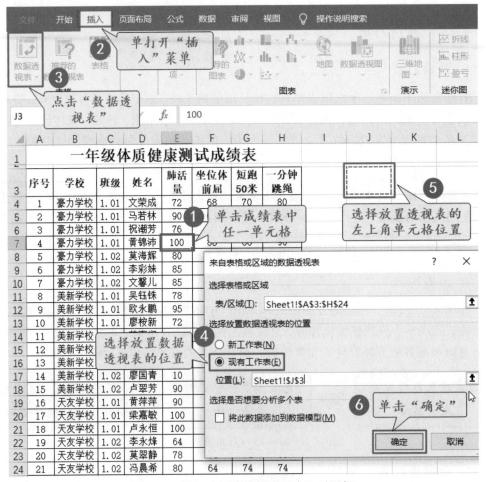

图 4-15　打开"创建数据透视表"对话框

2. 设置数据透视表字段

如图 4-16 所示，在"数据透视表字段"窗格中，上半部分是"字段"部分，用于在数据透视表中添加或删除字段；下半部分是"布局"部分，用于重新排列或重新定位数据透视表的字段。创建数据透视表时，需将相应的字段添加至布局部分的特定区域中。

将字段移动到布局部分的特定区域有三种方法。

方法一：选择"字段"部分字段名前的复选框。在默认情况下，非数值字段会添加到"行"区域，数值字段会添加到"值"区域。

方法二：右击"字段"部分的字段名，在弹出的快捷菜单中选择添加到"布局"部分的区域。

方法三：使用鼠标拖拽的方法直接将"字段"部分的字段名移动到"布局"部分的特定区域。

根据统计内容的需要：①将"学校"和"班级"字段拖动到"行"区域；②将"姓名""肺活量""座位体前屈""短跑50米""一分钟跳绳"字段拖动到"值"区域，即可生成如图4-16所示的默认数据透视表。

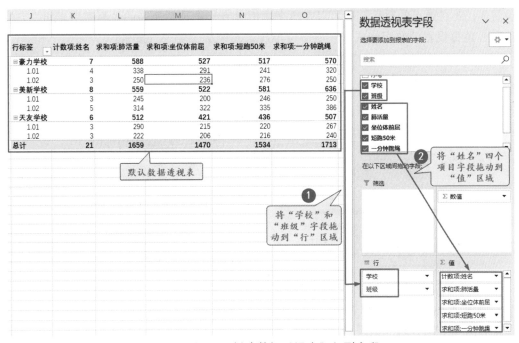

图 4-16 设置"创建数据透视表"行列字段

3. 值字段设置

"值"区域的字符型字段默认会使用计数统计、数值型字段默认会使用求和统计，如果数值型字段的四个项目我们想要的结果不是求和，而是平均值、计数或最大值、最小值，该怎么操作呢？有以下两种方法：

方法一：如图 4-17 所示，①右键单击在数据透视表中需要修改数据列的某个单元格；②单击"值汇总依据"；③选择需要的汇总方式，如"平均值"。

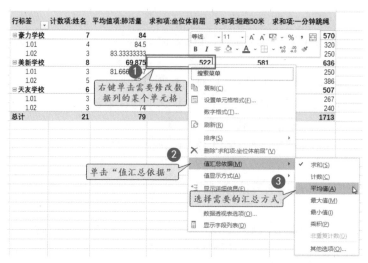

图 4-17　"值字段设置"方法一

方法二：如图 4-18 所示，①在"值"区域选择所需修改的字段；②单击"值字段设置"；③在弹出的对话框中可以在值字段汇总方式中选择所需的计算类型，如"平均值"，还可设置"数字格式"，如 2 位小数；④单击"确定"按钮。

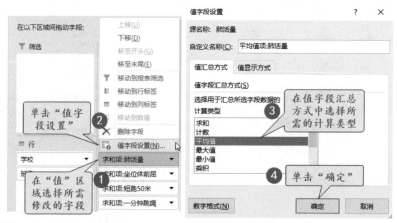

图 4-18　"值字段设置"方法二

如图 4-19 所示，分别将四个项目的计算类型修改为"平均值"后，得到一年级体质健康测试成绩各班人数及平均分原始数据透视表。

行标签	计数项:姓名	平均值项:肺活量	平均值项:坐位体前屈	平均值项:短跑50米	平均值项:一分钟跳绳
⊟豪力学校	7	84	75.28571429	73.85714286	81.42857143
1.01	4	84.5	72.75	60.25	80
1.02	3	83.33333333	78.66666667	92	83.33333333
⊟美新学校	8	69.875	65.25	72.625	79.5
1.01	3	81.66666667	66.66666667	82	83.33333333
1.02	5	62.8	64.4	67	77.2
⊟天友学校	6	85.33333333	70.16666667	72.66666667	84.5
1.01	3	96.66666667	71.66666667	73.33333333	89
1.02	3	74	68.66666667	72	80
总计	21	79	70	73.04761905	81.57142857

图 4-19　一年级体质健康测试成绩各班人数及平均分数据透视表 1

如图 4-20 所示，创建数据透视表并进行值字段设置后，可以设置"数字格式"和居中方式，使其更加美观，如设置平均值数字格式显示 2 位小数，设置表格居中对齐。

行标签	计数项:姓名	平均值项:肺活量	平均值项:坐位体前屈	平均值项:短跑50米	平均值项:一分钟跳绳
⊟豪力学校	7	84.00	75.29	73.86	81.43
1.01	4	84.50	72.75	60.25	80.00
1.02	3	83.33	78.67	92.00	83.33
⊟美新学校	8	69.88	65.25	72.63	79.50
1.01	3	81.67	66.67	82.00	83.33
1.02	5	62.80	64.40	67.00	77.20
⊟天友学校	6	85.33	70.17	72.67	84.50
1.01	3	96.67	71.67	73.33	89.00
1.02	3	74.00	68.67	72.00	80.00
总计	21	79.00	70.00	73.05	81.57

图 4-20　一年级体质健康测试成绩各班人数及平均分数据透视表 2

4. 美化数据透视表

Excel 默认生成的数据透视表，有时候看着觉得很别扭，可以通过简单的操作将其修改为普通统计的表格效果。

如图 4-21 和图 4-22 所示，修改数据透视表"报表布局"为"以表格形式显示"的操作步骤如下：①单击透视表中任意单元格；② 单击"设计"菜单；③ 单击"报表布局"，选择"以表格形式显示"；④ 单击"报表布局"选择"重复所有项目标签"；⑤ 单击"分类汇总"，选择"不显示分类汇总"。

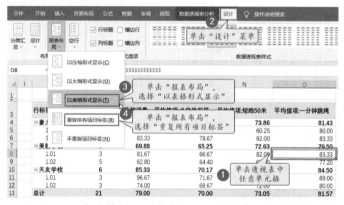

图 4-21　修改数据透视表布局为"以表格形式显示"

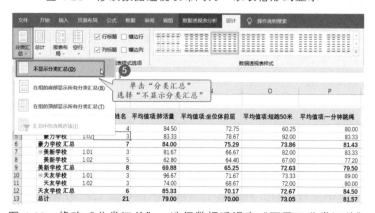

图 4-22　修改"分类汇总"，选择数据透视表"不显示分类汇总"

修改后的效果如图 4-23 所示。

学校	班级	计数项:姓名	平均值项:肺活量	平均值项:坐位体前屈	平均值项:短跑50米	平均值项:一分钟跳绳
⊟豪力学校	1.01	4	84.50	72.75	60.25	80.00
豪力学校	1.02	3	83.33	78.67	92.00	83.33
⊟美新学校	1.01	3	81.67	66.67	82.00	83.33
美新学校	1.02	5	62.80	64.40	67.00	77.20
⊟天友学校	1.01	3	96.67	71.67	73.33	89.00
天友学校	1.02	3	74.00	68.67	72.00	80.00
总计		21	79.00	70.00	73.05	81.57

图 4-23 “以表格形式显示”的数据透视表

4.5 快速统计分校分班各分数段人数

4.5.1 了解任务

如图 4-24 所示，要根据一年级体质健康测试短跑 50 米的成绩表，直接统计出三所学校各个班级、各分数段人数。

一年级体质健康测试成绩表

序号	学校	班级	姓名	短跑50米
1	豪力学校	1.01	文荣成	70
2	豪力学校	1.01	马若林	95
3	豪力学校	1.01	祝潮芳	10
4	豪力学校	1.01	黄锦沛	66
5	豪力学校	1.02	莫海辉	76
6	豪力学校	1.02	李彩妹	100
7	豪力学校	1.02	文馨儿	100
8	美新学校	1.01	吴钰铢	70
9	美新学校	1.01	欧永鹏	100
10	美新学校	1.01	廖桉新	76
11	美新学校	1.02	莫嘉润	68
12	美新学校	1.02	周诚楠	70
13	美新学校	1.02	邓欣欣	72
14	美新学校	1.02	廖国青	40
15	美新学校	1.02	卢翠芳	85
16	天友学校	1.01	黄萍萍	100
17	天友学校	1.01	梁嘉敏	20
18	天友学校	1.01	卢永恒	100
19	天友学校	1.02	李永烽	68
20	天友学校	1.02	莫翠静	74
21	天友学校	1.02	冯晨希	74

计数项:姓名		短跑50米						
学校	班级	<40	40-49	60-69	70-79	80-89	90-100	总计
⊟豪力学校	1.01	1		1	1		1	4
豪力学校	1.02				1		2	3
⊟美新学校	1.01				2		1	3
美新学校	1.02		1	1	2	1		5
⊟天友学校	1.01	1					2	3
天友学校	1.02			1	2			3
总计		2	1	3	8	1	6	21

图 4-24 三所学校各个班级、各分数段人数数据透视表

4.5.2 分析方法

1. 普通方法

如图 4-25 所示，普通方法不能在一个成绩表中直接统计出多所学校、多个班级的各分数段人数，要将成绩总表里每个班级的成绩分别复制出来，然后用普通函数对各个班级、各分数段分别进行统计，再将各个班级的统计结果复制到成绩统计总表，非常费时费力。

图 4-25　普通方法

2. 万能函数

如图 4.26 所示，如果用万能函数 SUMPRODUCT 进行统计，将成绩表各列数据定义名称，完成一个班各分数段人数统计后，只需双击这个班统计结果的填充柄，就可一次性完成所有班级的各分数段人数统计，非常快捷，而且公式的可读性更高，修改更方便。

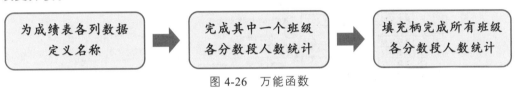

图 4-26　万能函数

3. 数据透视表

如图 4-27 所示，如果用数据透视表进行统计，只需用鼠标选中数据区域，插入数据透视表，拖动统计字段并选择计算类型即可。

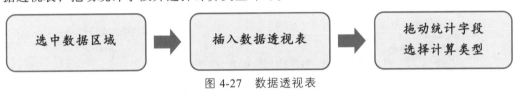

图 4-27　数据透视表

4.5.3　操作步骤

1. 打开创建数据透视表对话框

如图 4-28 所示：① 单击成绩表中任一单元格；② 打开"插入"菜单；③ 点击"数据透视表"；④ 在弹出的对话框中选择放置数据透视表的位置，一般选择"新工作表"，这里为了更直观，选择"现有工作表"；⑤ 在现有工作表中选择放置透视表的左上角单元格位置；⑥ 单击"确定"按钮。

2. 设置数据透视表字段

如图 4-29 所示，根据统计内容的需要：①将"学校"和"班级"字段拖动到"行"区域；②将"短跑 50 米"字段拖动到"列"区域；③ 将"姓名"字段拖动到"值"区域，即可生成如图 4-29 所示的默认数据透视表。此时默认是把每一个分数的人数进行了统计，并未完成分数段统计。

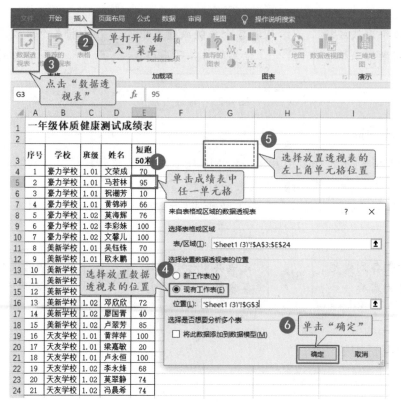

图 4-28　打开"创建数据透视表"对话框

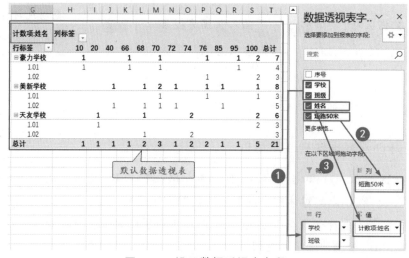

图 4-29　设置数据透视表字段

3. 设置数据透视表分数段

如图 4-30 所示：① 右键单击数据透视表中其中一个分数，单击"组合"；② 根据分数段统计需要，设置"起始于""终止于""步长"，点击"确定"。设置数据透视表分数段后得到如图 4-31 所示的统计结果。

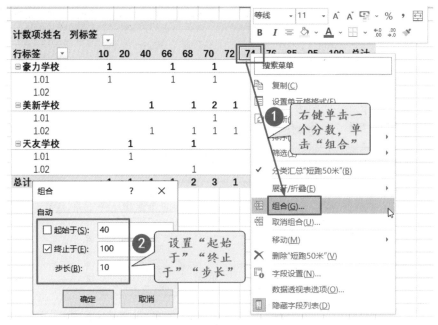

图 4-30　设置数据透视表分数段

计数项:姓名　列标签

行标签	<40	40-49	60-69	70-79	80-89	90-100	总计
豪力学校	1		1	2		3	7
1.01	1		1	1		1	4
1.02				1		2	3
美新学校		1	1	4	1	1	8
1.01				2		1	3
1.02		1	1	2	1		5
天友学校	1		1	2		2	6
1.01	1					2	3
1.02			1	2			3
总计	2	1	3	8	1	6	21

图 4-31　多所学校各班各分数段人数数据透视表

4. 美化数据透视表

Excel 默认生成的数据透视表，总觉得很别扭，可以通过简单的操作将其修改为普通统计的表格效果。

如图 4-32 所示，修改数据透视表"报表布局"为"以表格形式显示"的操作步骤如下：① 单击透视表任意区域；② 单击"设计"菜单；③ 单击"报表布局"，选择"以表格形式显示"和"重复所有项目标签"；④ 单击"分类汇总"，选择"不显示分类汇总"。

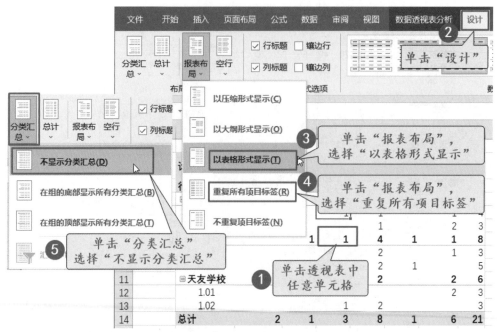

图 4-32 修改数据透视表布局为"以表格形式显示"

再把数据透视表中单元格对齐方式修改为居中对齐, 修改后的效果如图 4-33 所示。

计数项:姓名		短跑50米						
学校	班级	<40	40-49	60-69	70-79	80-89	90-100	总计
⊟豪力学校	1.01	1		1	1		1	4
豪力学校	1.02				1		2	3
⊟美新学校	1.01				2		1	3
美新学校	1.02		1	1	2	1		5
⊟天友学校	1.01	1					2	3
天友学校	1.02			1	2			3
总计		2	1	3	8	1	6	21

图 4-33 "以表格形式显示"的数据透视表

第 2 篇　Word

　　Word 有着简洁的外观和易于使用的操作环境，几乎每个使用计算机的人都会用到它，是各行各业办公中处理日常工作使用频率最高的软件之一。或许部分读者会认为 Word 很简单，不值得学习，其实 80% 的人只使用到了 Word 20% 的功能，很多能够给平常办公带来便捷和提高效率的功能却很少有人使用。本篇将选择具有代表性和实用性的功能，结合中小学教师高频的工作内容，以示例的形式进行讲解和演示，引导读者在一步步操作过程中，有针对性地练习和掌握相关技巧与方法。

第5章
Word 批量制作文档

中小学教师在日常办公过程中,常会需要根据一些数据表中的信息制作出大量的文档,如荣誉证书、素质报告书、学生信息表、考试座签等。那么,面对大量的数据,只能一个一个复制、粘贴吗? Word 中的"邮件合并"功能,可以轻松、准确、快速地完成这类任务。本章将以典型示例的方式详细讲解"邮件合并"的具体用法。

5.1 批量制作荣誉证书

领取荣誉证书是许多中小学受到广泛推崇的传统,对于学生而言,这是一种备受期待的激励和认可。Word "邮件合并"默认的信函功能可以快速为每位学生设计制作自己的"专属"荣誉证书,让每个学生都能够展示他们在学习和生活中的优异成绩、独特才华等杰出表现,彰显他们与众不同的魅力。

5.1.1 了解任务

如图 5-1 所示,我们在 Excel 表格中为每一位学生准备好了奖项名称和表现评语,任务是将 Excel 表格中每一位学生的"姓名""奖项""表现"分别填写到每一份荣誉证书的相应位置。

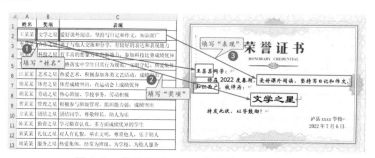

图 5-1 荣誉证书 Excel 数据与 Word 文档

5.1.2　分析方法

1. 普通方法

普通方法如图 5-2 所示：①在 Word 中制作好一位学生的荣誉证书模板；② 有多少位学生就复制多少份到新的 Word 页面；③有多少位学生就分别从 Excel 表中复制多少次姓名、奖项、表现，并且分别在 Word 文档中粘贴多少次。这种方法费时、费力，还容易出错。如果模板的版式或内容有修改，每位学生的荣誉证书都需要全部重新制作。

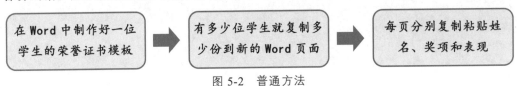

图 5-2　普通方法

2. 邮件合并方法

邮件合并方法如图 5-3 所示：① 在 Word 中制作好一位学生的奖状模板；②在 Word 模板中关联 Excel 数据源；③在 Word 文档中插入"学生、奖项、表现"合并域，合并到新文档。这种方法轻松、快速、准确。如果模板的版式或内容有修改，只需修改模板页，然后点击"完成并合并"即可。

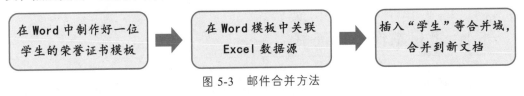

图 5-3　邮件合并方法

5.1.3　操作步骤

1. 准备 Excel 数据源

如图 5-4 所示，准备好每一位学生获奖内容的 Excel 数据源表格，注意用于邮件合并数据源的 Excel 数据表不能有合并单元格，第一行必须是行标题。

	A	B	C
1	姓名	奖项	表现
2	王某某	文学之星	爱好课外阅读，坚持写日记和作文，知识面广
3	李某某	合作之星	善于与他人交流和分享，有较好的表达和表现能力
4	刘某某	科技之星	有丰富的想象力和创新能力，参加科技比赛成绩优异
5	詹某某	文明之星	严格落实中学生日常行为规范，文明守纪、热爱集体
6	江某某	艺术之星	热爱艺术，积极参加各类文艺活动，成绩突出
7	徐某某	体育之星	体育成绩突出，在运动会上成绩优异

图 5-4　包含每一位学生获奖内容的 Excel 表格

2. 制作荣誉证书 Word 模板

（1）准备好用于打印荣誉证书的纸张或空白荣誉证书图片。

如图 5-5 所示，本书演示案例使用的是 A4 尺寸荣誉证书纸张。

如果是准备用彩色的空白证书纸张进行打印，将根据空白荣誉证书纸张的尺寸及页面上填写内容的位置，设置 Word 文档的纸张大小和页边距。

如果是准备用白色的 A4 或 16 开的彩色打印纸打印，可以将空白荣誉证书的图片衬于文字下方，直观地设置模板文字的位置和字体、字号。

图 5-5　荣誉证书纸张

（2）制作荣誉证书的文字模板。

根据空白荣誉证书纸张的版面用 Word 设计荣誉证书的文字模板，为了便于演示和讲解，我们直接把空白荣誉证书扫描成图片插入 Word 中，将图片缩放大小设置为 100%，衬于文字下方，然后在证书图片上面直观地进行荣誉证书的文字排版。

如图 5-6 所示，可以先选择文字内容比较多的一个同学的内容制作模板，如 Excel 数据源第 4 行的刘某某同学。

图 5-6　制作荣誉证书的文字模板 1

如图 5-7 所示，将每一份荣誉证书需要变化的 "姓名" "表现" "奖项" 三个部分删除，等待下一步运用邮件合并工具在相应位置 "自动插入" 所需内容。

图 5-7　制作荣誉证书的文字模板 2

3. Word 模板关联 Excel 数据源

如图 5-8 所示：①在荣誉证书 Word 模板中单击 "邮件" 菜单，单击 "选择收件人"；②选择 "使用现有列表"，弹出 "选择数据源" 对话框。

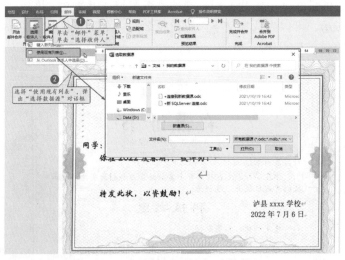

图 5-8　Word 模板关联 Excel 数据源 1

如图 5-9 所示：③在弹出的 "选择数据源" 对话框中直接打开已准备好的有每一位学生获奖内容的 Excel 表格。

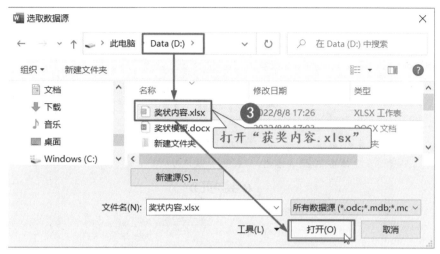

图 5-9　Word 模板关联 Excel 数据源 2

4. 插入合并域

如图 5-10 所示：①单击"邮件"菜单栏；②将光标移到需要插入姓名的地方，单击"插入合并域"，选择"姓名"；③将光标移到需要插入表现的地方，单击"插入合并域"，选择"表现"；④将光标移到需要插入奖项的地方，单击"插入合并域"，选择"奖项"。

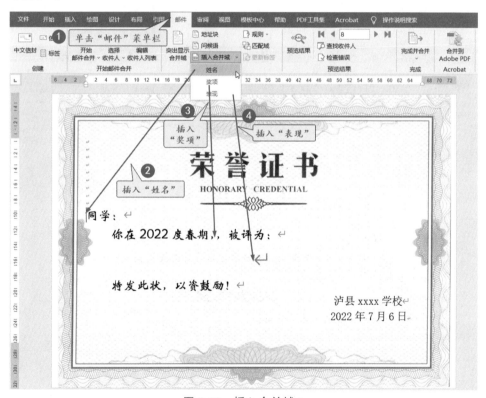

图 5-10　插入合并域 1

如图 5-11 所示，插入合并域后默认的显示效果是在相应的位置显示合并域的名称。

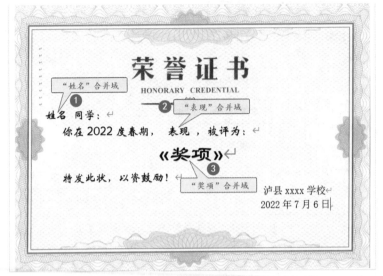

图 5-11　插入合并域 2

5. 预览结果

如图 5-12 所示，在"邮件"菜单下单击"预览结果"就会显示插入合并域的内容，可以单击"上一记录"或"下一记录"逐页查看效果，如需要调整字体、字号、行距、页边距、缩进方式等，可以随时调整。

图 5-12　预览结果

6. 批量生成荣誉证书

如图 5-13 所示：①在"邮件"菜单中单击"完成并合并"按钮；②单击"编辑单个文档"，弹出"合并到新文档"对话框；③单击"确定"按钮，会自动新建一个 Word 文档。

图 5-13　批量生成荣誉证书 1

如图 5-14 所示，在新建的文档中：① 打开"视图"菜单；② 单击"多页"按钮；③ 在 Word 窗口右下角"状态栏"缩放页面比例的控制区域通过"+""–"符号来缩放页面显示比例,可以查看批量生成的荣誉证书效果。

图 5-14　批量生成荣誉证书 2

可以看到，使用邮件合并批量制作荣誉证书的方法，每位学生的荣誉证书都在新的一页开始，还可以使用这种方法批量制作期末向家长发放的通知书或学生素质报告书。

5.2 批量制作作品标签

在“双减”政策和“五育并举”教学理念下，学校更加重视每年度的美术作品展活动。一个小小的展示空间，一次小小的展示机会，对学生来说都是展示自我的大舞台。为每一幅作品统一制作规范的标签，能起到更好的展示效果。

5.2.1 了解任务

前面我们已经掌握了用邮件合并的方法批量制作荣誉证书，这次制作作品标签，不同的是：每张作品标签的尺寸只有 A4 纸的几分之一，所以要在一张 A4 纸上合并打印多张作品标签，这时可以用邮件合并的标签功能实现批量制作作品标签，如图 5-15 所示。

序号	作品名称	班级	作者姓名	指导教师
1	灾难救援器	五（4）	康某伟	李某娟
2	高楼逃生伞	五（4）	高某清	熊某
3	未来住宅	五（2）	赵某杰	练某芬
4	多功能公交车	五（5）	胡某悦	黄某
5	城市降温机	五（1）	殷某	沈某凤
6	智慧生态城市	五（2）	艾某航	袁某毅
7	感应式导盲器	五（5）	薛某	黄某勇
8	进门洁鞋神器	五（3）	杨某	朱某辉
9	智能停车场	五（4）	石某杰	杨某霞
10	旧衣智能转换机	五（3）	李某烨	时某悦
11	会移动的未来房子	五（4）	唐某悦	梁某秋
12	智能电力维修器	五（5）	张某	黄某铿
13	会听话的雨伞	五（1）	姜某杰	吴某蓉
14	多功能智能采摘机	五（3）	熊某轩	高某宇
15	未来科技梦想城	五（3）	商某莹	杨某萍
16	神奇的快递终端机	五（4）	冷某杰	张某婷
17	全能环保发电机	五（3）	黎某东	黄某宇
18	未来动能转化器	五（5）	胡某	黄某军
19	智能防堵汽车辅助器	五（2）	舒某冬	黎某徽
20	神奇快速闪电充电站	五（2）	田某祺	何某
21	未来快递配送中心	五（2）	唐某涵	潘某菁

作品名称	灾难救援器
班　级	五（4）
作者姓名	康某伟
指导教师	李某娟

作品名称	高楼逃生伞
班　级	五（4）
作者姓名	高某清
指导教师	熊某

作品名称	未来住宅
班　级	五（2）
作者姓名	赵某杰
指导教师	练某芬

作品名称	多功能公交车
班　级	五（5）
作者姓名	胡某悦
指导教师	黄某

作品名称	城市降温机
班　级	五（1）
作者姓名	殷某
指导教师	沈某凤

作品名称	智慧生态城市
班　级	五（2）
作者姓名	艾某航
指导教师	袁某毅

作品名称	感应式导盲器
班　级	五（5）
作者姓名	薛某
指导教师	黄某勇

作品名称	进门洁鞋神器
班　级	五（3）
作者姓名	杨某
指导教师	朱某辉

作品名称	智能停车场
班　级	五（4）
作者姓名	石某杰
指导教师	杨某霞

作品名称	旧衣智能转换机
班　级	五（3）
作者姓名	李某烨
指导教师	时某悦

图 5-15　Excel 作品标签数据与 Word 作品标签文档

5.2.2 分析方法

1. 普通方法

普通方法是：使用 Word 制作好一个作品标签模板后，需要制作多少份作品标签就复制多少份，然后每一份作品标签的每一栏内容都分别从 Excel 表格中复制、粘贴过来。这种方法费时费力，如果 Excel 作品信息或 Word 模板内容有修改，全部工作都得重来。

2. 邮件合并标签功能方法

一页制作多个标签，可以运用邮件合并标签功能方法轻松完成。

第一步：制作一个 Word 标签模板，规划一页每个标签的位置；

第二步：Word 标签模板绑定 Excel 数据源表格，"插入合并域"字段；

第三步：执行"更新标签"命令，批量生成所有作品标签。

这种方法省时省力，如果 Excel 作品信息或 Word 模板内容需要修改，点击"更新标签"命令，重新批量生成所有作品标签即可。

5.2.3 操作步骤

1. 制作一个 Word 标签模板

如图 5-16 所示，在各栏目选择字数较多的内容制作好一个 Word 标签模板。

作品名称	智能防堵汽车辅助器
班　　级	五（2）
作者姓名	舒某冬
指导教师	黎某徽

图 5-16　Word 标签模板

2. 规划一页每个标签的位置

根据打印的纸张大小、每个标签长宽距离规划一页需要建立多少个标签，计算好纸张的边距、标签的间距等。

如图 5-17 所示，新建一个 Word 文档；① 单击"邮件"菜单；② 单击"开始邮件合并"；③ 单击"标签"；④ 单击"新建标签"。

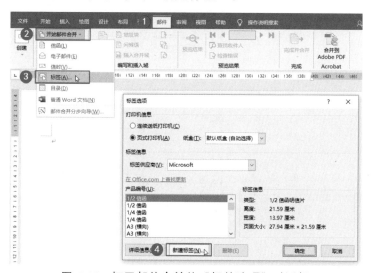

图 5-17　打开邮件合并的"标签选项"对话框

如图 5-18 所示：① 设置"标签名称"；② 设置"页面大小"；③ 设置每页标签的行数、列数、高度、宽度、上边距、侧边距等尺寸；④ 单击"确定"，然后再单击"确定"。

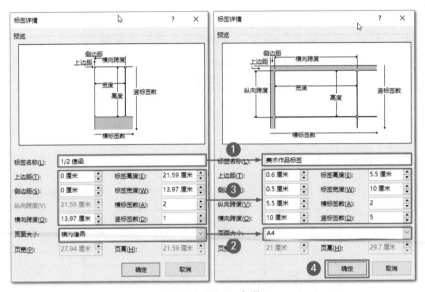

图 5-18　设置参数

图 5-19（a）所示为新建标签模板得到的默认虚框表格。如图 5-19（b）所示，为了便于观察，可以在选择表格后设置表格框线。

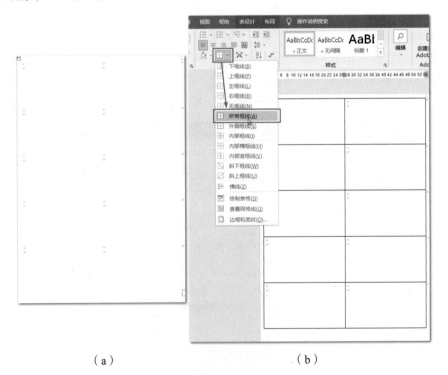

（a）　　　　　　　　　　　　（b）

图 5-19　默认表格

如图 5-20 所示：① 全选表格；② 选择"布局"菜单；③ 在对齐方式中选择"水平居中"方式，将单元格对齐方式设置为"水平垂直居中对齐"。

图 5-20　设置标签对齐方式为"水平垂直居中对齐"

如图 5-21 所示，将制作好的标签复制到第一行第一列，删除需要变化的内容。

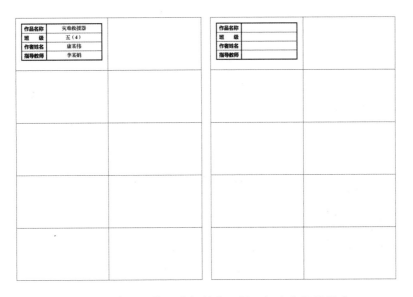

图 5-21　在页面第一个标签位置设置好空白标签样式

3. Word 标签模板关联 Excel 数据源表格

如图 5-22 所示：① 打开"邮件"菜单；② 单击"选择收件人"；③ 单击"使用现有列表"；④ 在弹出的对话框打开美术作品信息的 Excel 表格。

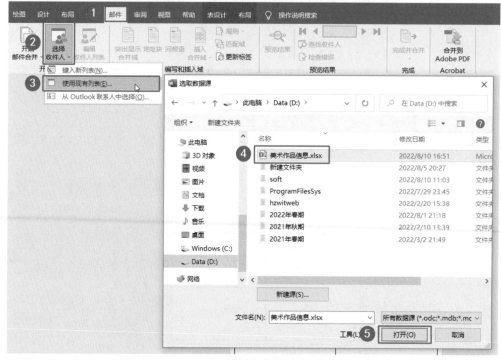

图 5-22　Word 标签模板关联 Excel 数据源表格

4. 插入合并域

如图 5-23 所示：① 打开"邮件"菜单；② 在标签需要变化的区域依次单击"插入合并域"的相应字段。

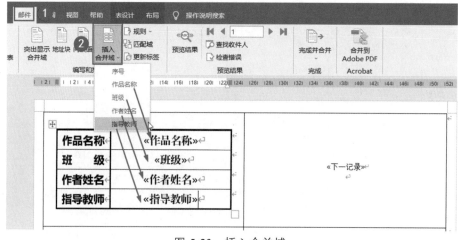

图 5-23　插入合并域

如图 5-24 所示，单击"预览结果"，可以查看实际显示效果。

图 5-24　预览结果

5. 更新标签

我们一页规划制作 10 个美术作品标签，难道每个标签都需要重复设置吗？答案是否定的。如图 5-25 所示，我们只需要单击"邮件"菜单下的"更新标签"按钮，就可自动设置好一页的 10 个标签了。

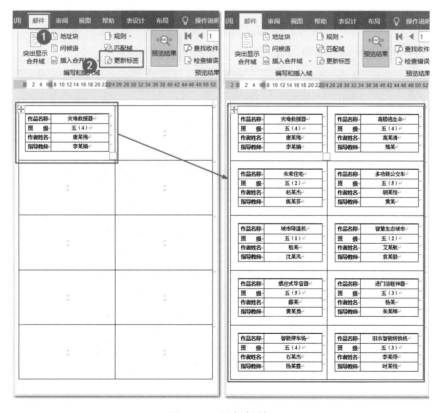

图 5-25　更新标签

6. 批量生成所有美术作品标签

如图 5-26 所示：① 在"邮件"菜单中单击"完成并合并"按钮；② 单击"编辑单个文档"，弹出"合并到新文档"对话框；③ 单击"确定"按钮，会自动新建一个Word 文档。

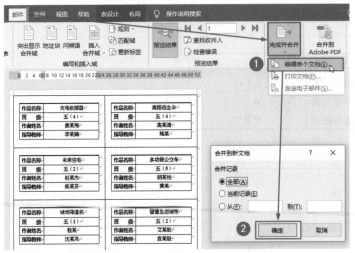

图 5-26　批量生成所有美术作品标签 1

如图 5-27 所示，在新建的文档中：① 打开"视图"菜单；② 单击"多页"按钮；③ 在 Word 窗口右下角"状态栏"缩放页面比例的控制区域通过"+""-"符号来缩放页面显示比例，可以查看批量生成的美术作品标签效果。

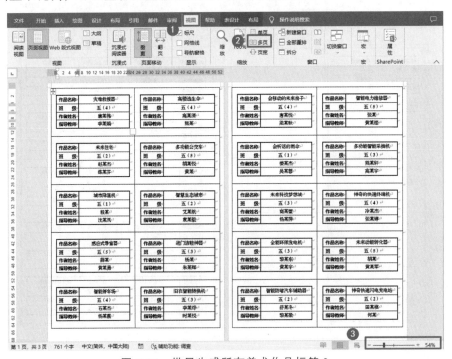

图 5-27　批量生成所有美术作品标签 2

邮件合并标签功能制作考场座签的方法是一页合并多条数据,也可以用这种方法来批量制作会议座牌。

5.3 批量制作考场座签

在各类考试工作中,为了让考生顺利找到自己的考场座位,打印考场座签是一项重要的工作,用邮件合并的目录功能便可以比较方便地制作考场座签。

5.3.1 了解任务

如图 5-28 所示,我们要根据 Excel 考号安排表制作打印每一位学生的 Word 考试座签。由于考试座签尺寸较小,需要在一张 A4 纸上打印多张座签。

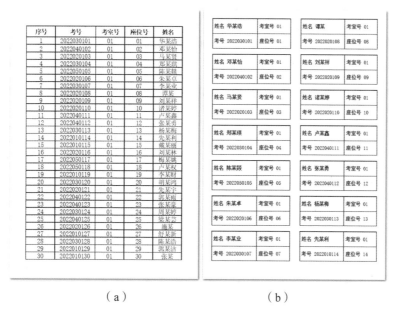

（a）　　　　　　　　　　　（b）

图 5-28　Excel 考号信息数据与 Word 考场标签文档

5.3.2 分析方法

1. 普通方法

普通方法是:使用 Word 制作好一张座签模板后,需要制作多少张座签就复制多少份,然后每一张座签的每一栏内容都分别从 Excel 表格中复制、粘贴过来。这种方法费时费力,如果 Excel 考生信息或 Word 模板内容有修改,全部工作都得重来。

2. 邮件合并标签功能方法

我们可以用前面学过的"邮件合并标签功能"实现一页打印多条数据。

邮件合并标签方法的步骤：① 选择标签方式；② 制作标签位置模板；③ 制作标签模板；④ 关联 Excel 数据源；⑤ 插入合并域；⑥ 更新标签；⑦ 完成并合并。

3. 邮件合并目录功能方法

我们也可以用邮件合并目录功能的方法实现一页打印多条数据，邮件合并"目录"功能的方法比邮件合并"标签"功能的方法更加简单。

邮件合并目录方法：①选择目录方式；②制作标签模板；③关联 Excel 数据源；④ 插入合并域；⑤完成并合并。

5.3.3 操作步骤

1. Word 页面设置

如图 5-28（b）所示，要在每张 A4 纸页面上制作 14 个考场座签，按 2 列 7 行进行排版，首先需要设置好纸张大小、页边距和分栏。

如图 5-29 所示，新建 Word 文档：① 设置纸张大小为 A4，页边距上下左右均为 1 厘米；② 在"布局"菜单里，将页面分为"两栏"。

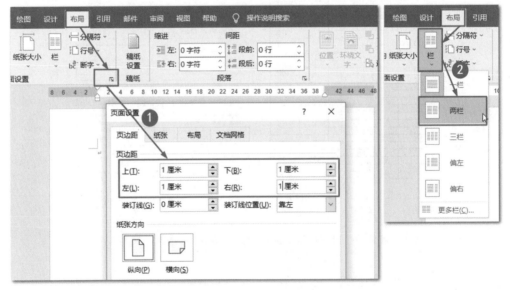

图 5-29　Word 页面设置

2. 制作一个考场座签样式

如图 5-28（b）所示，需要制作好其中一个考场座签的样式和长宽尺寸。

如图 5-30 所示，插入表格，设置行高：① 单击"插入"菜单；② 单击"表格"命令，选择 2 行 2 列表格；③ 全选表格，单击"布局"菜单，选择"属性命令"，设置"行"高度为 1.6 厘米。

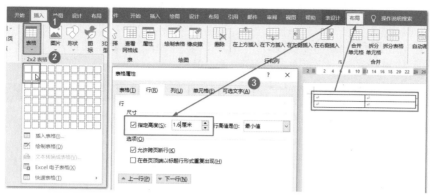

图 5-30　制作一个考场座签样式 1

如图 5-31 所示，设置表格列宽：① 选中表格第一列，单击"布局"菜单，单击"属性"命令，设置"列宽"为 5 厘米；② 选中表格第二列，单击"布局"菜单，单击"属性"命令，设置"列宽"为 3.6 厘米。

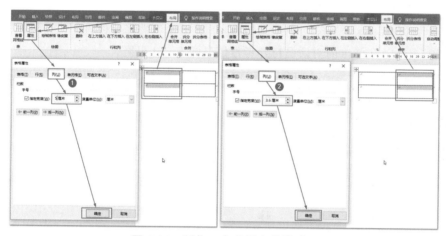

图 5-31　制作一个考场座签样式 2

如图 5-32 所示，设置标签字体、字号：① 字号设置为"三号"，字体自己选择；② 根据考场座签内容，输入固定内容和需要变化的内容，查看效果，修改到满意为止；③ 表格后敲两次回车键，空两行，为每个标签之间留出合适的分隔距离。

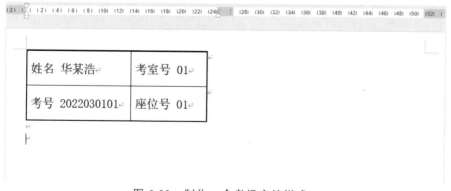

图 5-32　制作一个考场座签样式 3

3. 选择邮件合并"目录"功能

如图 5-33 所示：① 单击"邮件"菜单；② 单击"开始邮件合并"命令；③单击"目录"。

图 5-33 选择邮件合并"目录"功能

4. Word 标签模板关联 Excel 数据源表格

如图 5-34 所示：① 打开"邮件"菜单；② 单击"选择收件人"；③ 单击"使用现有列表"；④ 在弹出的对话框打开考号信息的 Excel 表格。

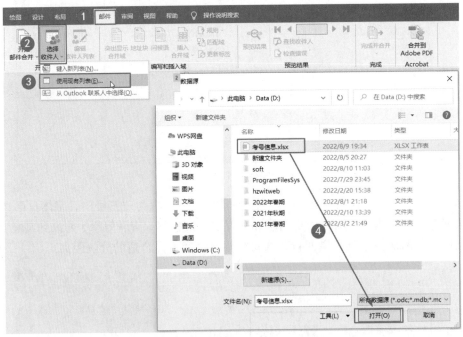

图 5-34 Word 标签模板关联 Excel 数据源表格

5. 插入合并域

如图 5-35 所示，删除考场座签需要变化的部分后：① 打开"邮件"菜单；② 在标签需要变化的区域依次单击"插入合并域"的相应字段，可以单击"预览结果"查看实际显示效果。

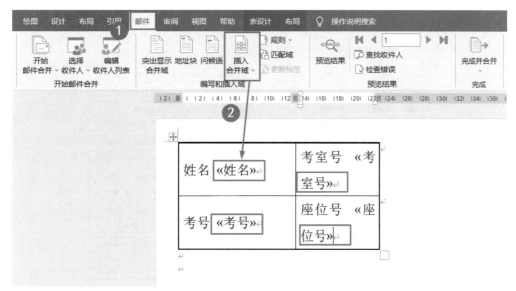

图 5-35　插入合并域

6. 批量生成所有考场座签

如图 5-36 所示：① 在"邮件"菜单中单击"完成并合并"按钮；② 单击"编辑单个文档"，弹出"合并到新文档"对话框；③ 单击"确定"按钮，会自动新建一个Word 文档。

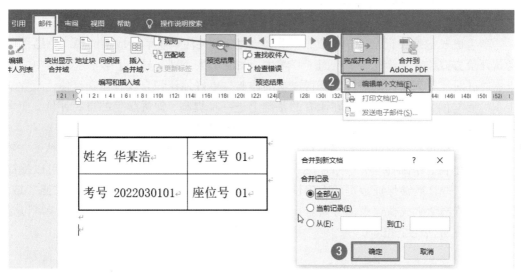

图 5-36　批量生成所有考场座签 1

如图 5-37 所示，在新建的文档中：① 打开"视图"菜单；② 单击"多页"按钮；③ 在 Word 窗口右下角"状态栏"缩放页面比例的控制区域通过"+""－"符号来缩放页面显示比例，可以查看批量生成的考场座签效果。

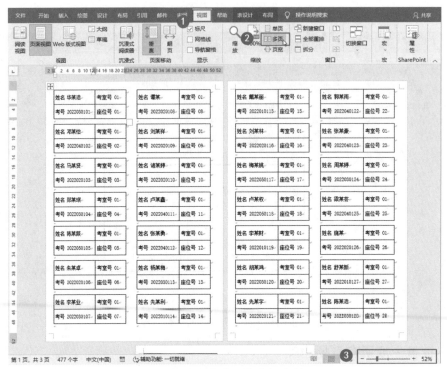

图 5-37 批量生成所有考场座签 2

5.4 批量制作带照片的文档

学生成长记录中记录着学生成长的足迹,改变只关注学生学业成绩的单一总结性的考试评价方式,着眼于充分、全面了解学生,关注学生个别差异,了解学生发展中的需求;通过对比看到自己的进步,获得成功的体验,更好地认识自我,建立自信;激发学生积极参与的兴趣,引导学生在原有的基础上进一步提高,促进学生的自我评价,使学生的自我评价上升到一个更高的水平,使学生的自我教育成为可能。

如果学生成长记录中的姓名、性别、学习成绩等都手动填写,照片也逐一粘贴,效率低且易出错。用邮件合并"照片域"功能可以批量制作带照片的文档,不仅可以提高工作效率,并且能够保证数据的准确性。为了更好地演示 Word 邮件合并插入"照片域"的方法,节选学生成长记录部分内容压缩为一页进行演示,实际的学生成长记录可以是多页,操作方法完全相同。

5.4.1 了解任务

如图 5-38 所示,左边是学生成长档案相关信息的 Excel 表格,右边是五(1)班学生相关照片的文件夹。

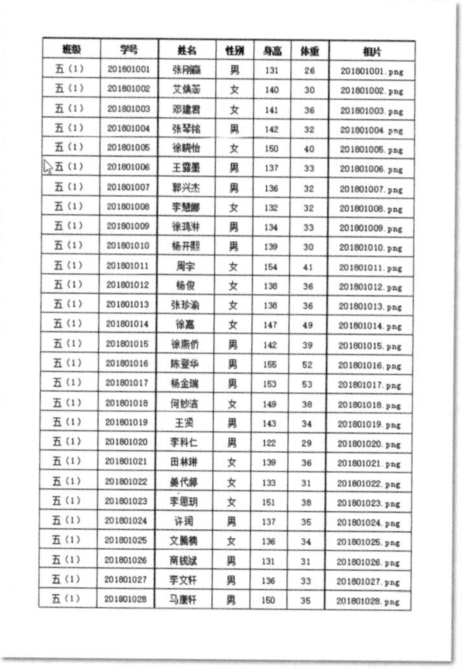

班级	学号	姓名	性别	身高	体重	相片
五（1）	201801001	张翔籍	男	131	26	201801001.png
五（1）	201801002	艾焕蓉	女	140	30	201801002.png
五（1）	201801003	邓建君	女	141	36	201801003.png
五（1）	201801004	张琴铭	男	142	32	201801004.png
五（1）	201801005	徐耕怡	女	150	40	201801005.png
五（1）	201801006	王露墨	男	137	33	201801006.png
五（1）	201801007	郭光杰	男	136	32	201801007.png
五（1）	201801008	李慧娜	女	132	32	201801008.png
五（1）	201801009	徐鸿洋	男	134	33	201801009.png
五（1）	201801010	杨开哲	男	139	30	201801010.png
五（1）	201801011	周宇	男	154	41	201801011.png
五（1）	201801012	杨俊	女	138	36	201801012.png
五（1）	201801013	张珍渝	女	138	36	201801013.png
五（1）	201801014	徐嘉	女	147	49	201801014.png
五（1）	201801015	徐燕价	男	142	39	201801015.png
五（1）	201801016	陈登华	男	155	52	201801016.png
五（1）	201801017	杨金瑞	男	153	53	201801017.png
五（1）	201801018	何钞洁	女	149	38	201801018.png
五（1）	201801019	王资	男	143	34	201801019.png
五（1）	201801020	李科仁	男	122	29	201801020.png
五（1）	201801021	田林琳	女	139	36	201801021.png
五（1）	201801022	姜代婷	女	133	31	201801022.png
五（1）	201801023	李思琪	女	151	38	201801023.png
五（1）	201801024	许润	男	137	35	201801024.png
五（1）	201801025	文腾桶	女	136	34	201801025.png
五（1）	201801026	商锐斌	男	131	31	201801026.png
五（1）	201801027	李文轩	男	136	33	201801027.png
五（1）	201801028	马康轩	男	150	35	201801028.png

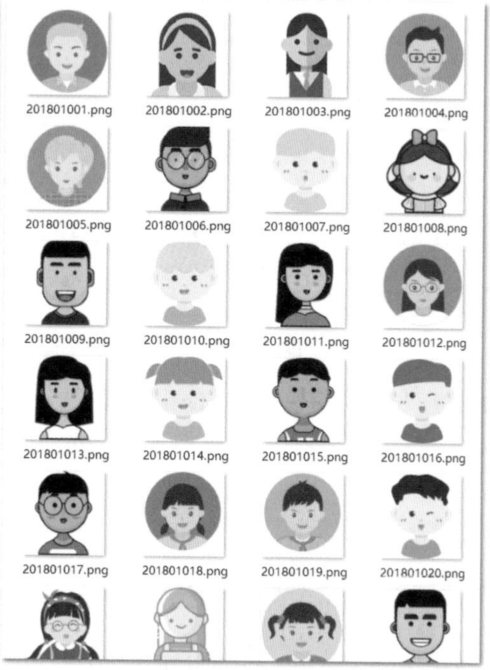

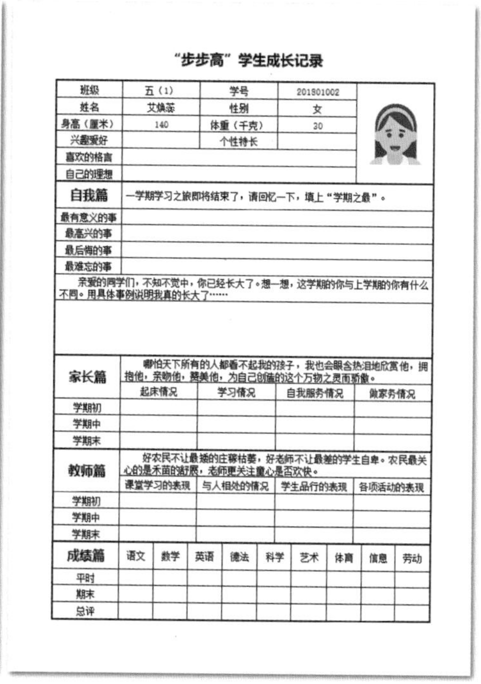

图 5-38　学生成长档案的 Excel 数据和照片文件

如图 5-39 所示，要将 Excel 表格中的相关信息和文件夹中的学生照片分别填入每一位学生成长档案的 Word 文档。前面我们已经学会了将 Excel 表格中的信息批量填入 Word 文档，下面将重点学习如何在 Word 文档中批量插入指定的照片。

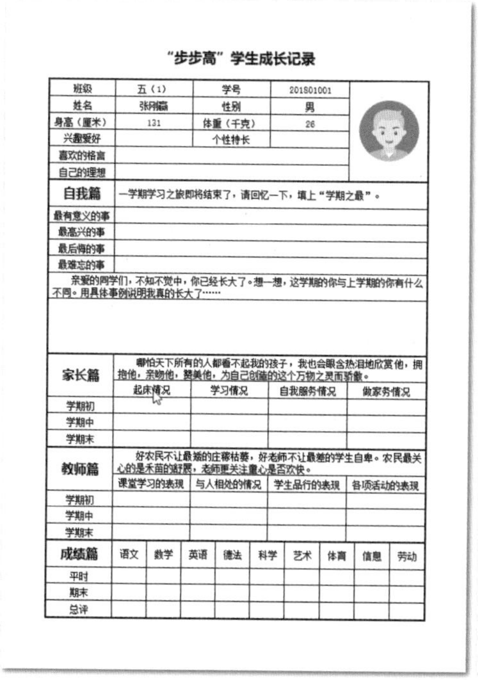

图 5-39　带照片的学生成长记录

91

5.4.2　分析方法

1. 普通方法

普通方法是：① 为每一位学生复制一份学习成长记录模板；② 复制 Excel 表格中每一个信息，粘贴到 Word 文档中；③ 逐份插入每一位学生的照片。这种方法费时、费力，还容易出错。如果模板的版式或内容有修改，每位学生的成长记录都得全部重来。

2. 邮件合并方法

邮件合并方法是：① 在 Word 模板中关联 Excel 数据源；② 在 Word 文档中插入数据信息和照片信息；③ 合并到新文档。这种方法轻松、快速、准确；如果模板的版式或内容有修改，只需修改模板页，然后点击"完成并合并"即可。

5.4.3　操作步骤

1. 准备 Excel 数据源

如图 5-40 所示，准备好学生成长记录相关内容的 Excel 数据源表格，注意用于邮件合并数据源的 Excel 数据表不能有合并单元格，第一行必须是行标题。

我们用"学号"来为每一位学生的相片命名，相片列第一行"G2"单元格的文件名可以用函数"=B2 & ".png""实现"学号"与扩展名".png"合并，选中 G2 单元格后，将鼠标移到 G2 单元格的填充柄，即 G2 单元格右下角的实心方块处，鼠标指针变为实心加号"+"时，双击填充柄，就可以自动填充得到每一位学生相片的文件名。

	A	B	C	D	E	F	G
	班级	学号	姓名	性别	身高	体重	相片
1							
2	五（1）	201801001	张刚赢	男	131	26	201801001.png
3	五（1）	201801002	艾焕蕊	女	140	30	201801002.png
4	五（1）	201801003	邓建君	女	141	36	201801003.png
5	五（1）	201801004	张琴铭	男	142	32	201801004.png
6	五（1）	201801005	徐晓怡	女	150	40	201801005.png
7	五（1）	201801006	王露恩	男	137	33	201801006.png
8	五（1）	201801007	郭兴杰	男	136	32	201801007.png
9	五（1）	201801008	李慧娜	女	132	32	201801008.png
10	五（1）	201801009	徐鸿淋	男	134	33	201801009.png

图 5-40　学生成长记录信息

2. 制作学生成长记录 Word 模板

如图 5-41 所示，制作一份学生成长记录的 Word 模板，实际的学生成长记录可以是两页或多页，Word 邮件合并批量填写文字内容和照片的操作方法是完全相同的。

"步步高"学生成长记录

班级		学号		
姓名		性别		
身高（厘米）		体重（千克）		照片
兴趣爱好		个性特长		
喜欢的格言				
自己的理想				

自我篇	一学期学习之旅即将结束了，请回忆一下，填上"学期之最"。
最有意义的事	
最高兴的事	
最后悔的事	
最难忘的事	
	亲爱的同学们，不知不觉中，你已经长大了。想一想，这学期的你与上学期的你有什么不同。用具体事例说明我真的长大了……

家长篇	哪怕天下所有的人都看不起我的孩子，我也会眼含热泪地欣赏他，拥抱他，亲吻他，赞美他，为自己创造的这个万物之灵而骄傲。			
	起床情况	学习情况	自我服务情况	做家务情况
学期初				
学期中				
学期末				

教师篇	好农民不让最嫩的庄稼枯萎，好老师不让最差的学生自卑。农民最关心的是禾苗的舒展，老师更关注童心是否欢快。			
	课堂学习的表现	与人相处的情况	学生品行的表现	各项活动的表现
学期初				
学期中				
学期末				

成绩篇	语文	数学	英语	德法	科学	艺术	体育	信息	劳动
平时									
期末									
总评									

图 5-41 学生成长记录 Word 模板

3. Word 模板关联 Excel 数据源

如图 5-42 所示：① 在学生成长记录 Word 模板中单击"邮件"菜单，单击"选择收件人"；② 选择"使用现有列表"，弹出"选择数据源"对话框；③ 在弹出的"选择数据源"对话框中直接打开已准备好的有每一位学生成长记录相关内容的 Excel 表格。

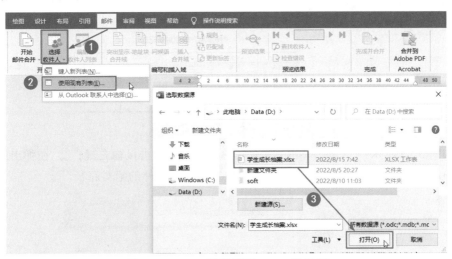

图 5-42 Word 模板关联 Excel 数据源

4. 插入除"照片"外的所有合并域

如图 5-43 所示，在 Word 模板中插入除照片外的其他所有合并域：① 单击"邮件"

菜单栏；② 分别将光标移到需要插入班级、学号、姓名、性别、身高、体重等信息的地方；③ 分别单击"插入合并域"，选择相应的字段名。

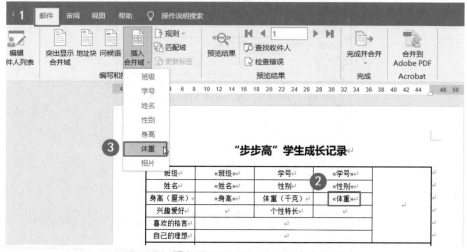

图 5-43　插入除"照片"外的所有合并域

5. 插入"照片"合并域

如图 5-44 所示：① 将光标定位到要插入照片的位置；② 在"插入"菜单中，打开"文档部件"下拉菜单，选择"域"命令。

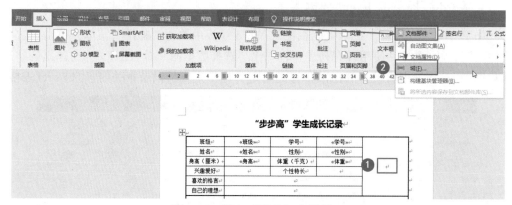

图 5-44　插入"照片"合并域 1

如图 5-45 所示：① 按住 Shift 键后在图片文件上单击鼠标右键；② 在弹出的快捷菜单中单击"复制文件地址"，可以快速地复制选中文件的绝对路径。

图 5-45　复制文件地址的快捷方式

如图 5-46 所示：① 在"域名"中选择"IncludePicture"；② 在"文件名或 URL"粘贴一个同学照片的绝对路径，注意要删除粘贴路径前后的双引号；③单击"确定"按钮。

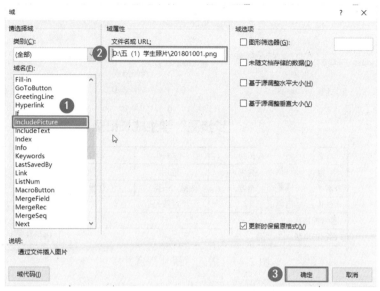

图 5-46　插入"照片"合并域 2

如图 5-47 所示，在弹出的"Microsoft Word 安全声明"对话框中单击"是"按钮，将选中的图片文件插入指定位置。

图 5-47　插入"照片"合并域 3

如图 5-48 所示：① 单击照片；② 按组合键"Shift+F9"显示域代码。

图 5-48　按组合键"Shift+F9"显示域代码

如图 5-49 所示：① 删除域代码中"照片文件名"的字符"201801001.png"；② 单击"插入合并域"，选择"相片"。

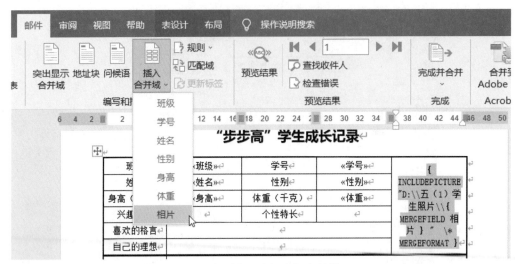

图 5-49　插入"照片"合并域

如图 5-50 所示：① 按组合键"Shift+F9"退出域代码；② 按 F9 键刷新即可显示相应学生的照片。

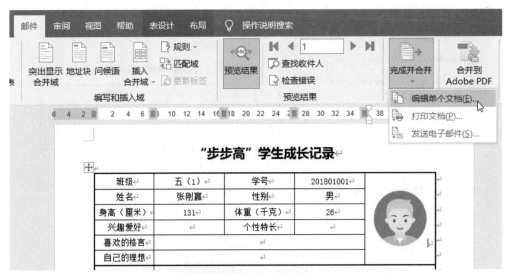

图 5-50　按组合键"Shift+F9"退出域代码

6. 批量生成学生成长记录

如图 5-51 所示：① 在"邮件"菜单中单击"完成并合并"按钮；② 单击"编辑单个文档"，弹出"合并到新文档"对话框；③ 单击"确定"按钮，会自动新建一个 Word 文档。

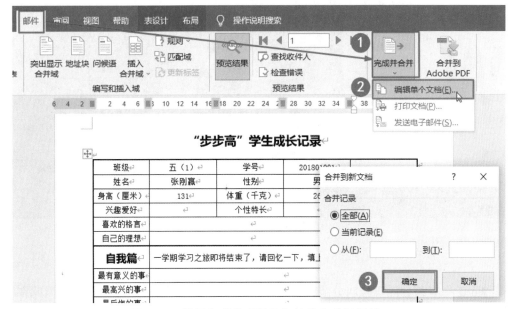

图 5-51　批量生成带"照片"的学生成长记录 1

如图 5-52 所示，在合并的新建文档中：① 按组合键"Ctrl+A"全选整篇文档；② 按 F9 键刷新即可显示相应学生的照片。如果弹出"Microsoft Word 安全声明"对话框，询问是否启用此文件中所有字段的更新，单击"是"按钮即可。

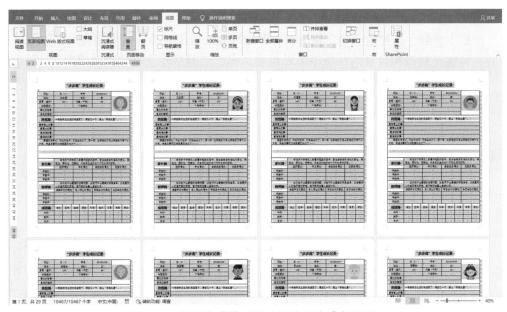

图 5-52　批量生成带"照片"的学生成长记录 2

通过以上几个示例，我们知道了完整地使用"邮件合并"功能有三个步骤：① Word 模板关联 Excel 数据源；② 插入合并域；③ 批量合成文档。

Word 分节符的应用

Word 中有种分隔符号叫分节符，很多用户对它都较为陌生，了解较少，因此在排版中使用也少。其实分节符在 Word 文档排版中非常有价值，很多看似复杂的排版需求用分节符都可以轻松解决。本章通过几个示例来介绍分节符的几种常用功能。

6.1 从任意页设置独立页码

在校本读物、各种活动的实施方案、课题研究的成果报告、研究报告、工作报告排版时，通常是封面和目录前几页不需要设置页码，而是从正文开始设置页码。

6.1.1 了解任务

如图 6-1 所示，《新教师入职培训实施方案》Word 文档的第 1 页封面、第 2 页目录不编页码，我们需要从第 3 页开始为正文编页码，即第 3~8 页自动编上页码 1~6。

图 6-1 《新教师入职培训实施方案》页码编排缩略图

6.1.2 操作步骤

1. 插入"分节符（下一页）"

如图 6-2 和图 6-3 所示：① 将光标定位到需要插入页码的前一页末尾，即目录页的末尾；② 单击"布局"菜单，点击"分隔符"，选择"分节符"下面的"下一页"；③ 完成"分节符（下一页）"的插入后，正文标题会往后移动一行。在键盘上按下 Backspace 键或 Del 键，删除多出的空行让标题重新置顶即可。

图 6-2　插入"分节符""下一页"

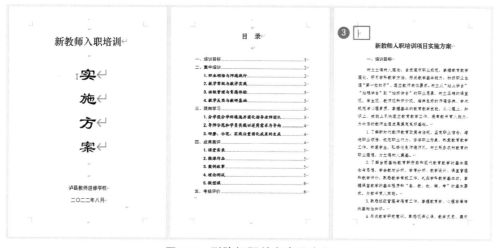

图 6-3　删除标题前多出的空行

2. 显示或隐藏插入的"分节符（下一页）"

插入的"分节符（下一页）"默认情况下是隐藏的，如果需要查看或显示出来方便

第 6 章　Word 分节符的应用

删除，可以按图 6-4 所示操作：① 单击"开始"菜单；② 单击"段落"组中相对的箭头按钮 ，可以显示或隐藏插入的"分节符（下一页）"。

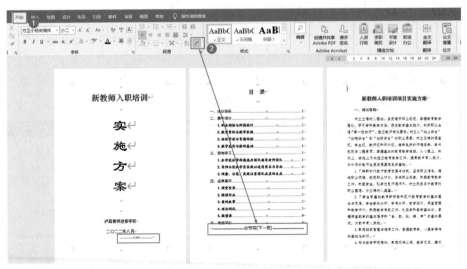

图 6-4　查看插入的"分节符（下一页）"

3. 从指定页开始插入页码

（1）选择插入页码的位置和样式，如图 6-5 所示。

① 将鼠标移到要设置为第一页的页脚，双击页脚打开页脚编辑状态，菜单栏多出一个菜单；

② 单击"链接到前一节"按钮，取消"链接到前一节"选项；

③ 单击"页码"按钮，在弹出的下拉菜单中选择插入页码的位置和样式，如"页面底端"和"普通数字 2"。

图 6-5　选择插入页码的位置和样式

（2）设置页码格式和起始页码，如图 6-6 所示。

① 单击"页码"按钮，在弹出的下拉菜单中选择"设置页码格式"；

② 在弹出的对话框中选择页码的编号格式，起始页码设置为 1，点击"确定"按钮；

③ 插入页码的下面会多出一个空行，可以将光标移到空行上，连续按两次键盘上的退格键删除多余的空行，还可进一步设置页码的字体、字号等格式。

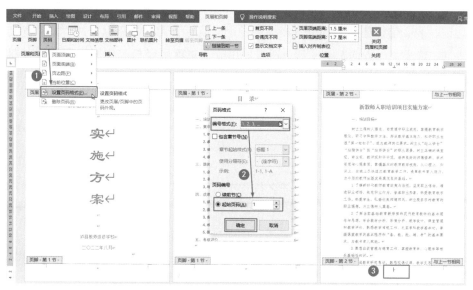

图 6-6　设置页码格式和起始页码

4. 关闭页眉和页脚编辑状态

如图 6-7 所示，单击"关闭页眉和页脚"按钮，这样就成功设置了页码从指定页开始；也可双击文档区域关闭页眉页脚编辑状态。

图 6-7　关闭页眉和页脚编辑状态

101

第 6 章　Word 分节符的应用

6.2　同时有纵向和横向页面

在 Word 文档编辑中，有时为了排版需要，同一个文档中需要同时有纵向和横向的页面，如有时需要用到比较宽的表格，纵向页面无法完全显示，或者虽然能显示但文字变得很小影响阅读效果；有时各种申报材料需要上交电子版的印证材料，需要一页排版一个印证材料，荣誉证书大部分是横向的，论文或专著大部分是纵向的。如果直接更改纸张方向，整个文档方向都会更改，通过使用分节符就可轻松实现同一文档同时拥有纵向和横向页面。

6.2.1　纵横混排的考核方案

1. 了解任务

如图 6-8 所示，《名师名班主任名校长工作室考核方案》前面四页都是"纵向"页面，最后一页《名师名班主任名校长工作室考核细则》表格比较宽，需要设置成"横向"页面，并且修改左右页边距为 1.5 厘米、上下页边距为 2.5 厘米。

图 6-8　《名师名班主任名校长工作室考核方案》缩略图

2. 操作步骤

方法一："插入分节符"后"更改纸张方向"。

（1）插入"分节符（下一页）"。

如图 6-9 所示，需要在某一页的后面更改纸张的方向，就将光标插入点移动到这一页的末尾进行操作：① 将光标定位到第 4 页末尾；② 单击"布局"菜单，点击"分隔符"，选择"分节符"下面的"下一页"。这时，Word 自动产生下一页。

（2）更改纸张方向和页边距。

如图 6-10 所示：① 确认光标插入点在需改变纸张方向的新建页面上；② 单击"布局"菜单，单击"页面设置"选项组右下角的"对话框启动器"按钮，弹出"页面设置"对话框；③ 在"纸张方向"选项中选择要变更的纸张方向；④ 在"页边距"选项中输入要修改的页边距；⑤点击"确定"按钮。

通过以上操作，就完成了纸张方向和页边距等更多页面设置的更换，后面的页面如果需要将纸张方向和页边距修改回来，也可以用这种方法实现。

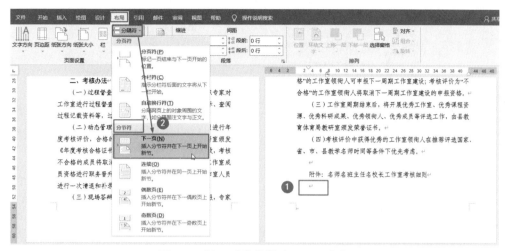

图 6-9　插入"分节符（下一页）"

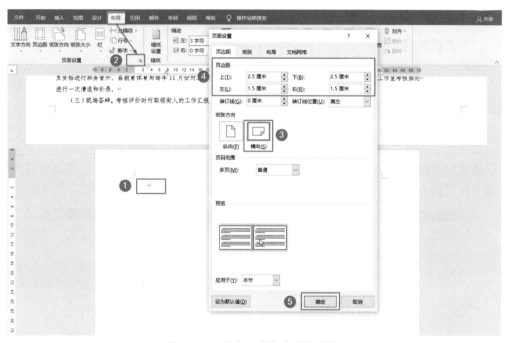

图 6-10　更改纸张方向和页边距

（3）显示或隐藏插入的"分节符（下一页）"。

插入的"分节符（下一页）"默认情况下是隐藏的，如果需要查看或显示出来方便删除，可以按图 6-11 所示操作：① 单击"开始"菜单；② 单击"段落"组中相对的箭头按钮 ，可以显示或隐藏插入的"分节符（下一页）"。

可以看到，在第 4 页最后一行的末尾多出了"分节符（下一页）"，也可以在分节符前敲回车键将分节符换行完整显示。

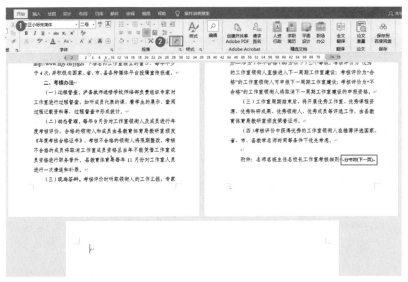

图 6-11　显示"分节符（下一页）"

方法二："更改纸张方向"并"选应用范围"。

（1）更改纸张方向和页边距。

如图 6-12 所示，需要在某一页的后面更改纸张的方向，就将光标插入点移动到这一页的末尾进行操作：①将光标定位到第 4 页末尾；②单击"布局"菜单，单击"页面设置"选项组右下角的"对话框启动器"按钮，弹出"页面设置"对话框；③在"纸张方向"选项中选择要变更的纸张方向；④在"页边距"选项中输入要修改的页边距；⑤在"应用于"选项中选择"插入点之后"；⑥点击"确定"按钮。

通过以上操作，就完成了纸张方向和页边距等更多页面设置的更换，后面的页面如果需要将纸张方向和页边距修改回来，也可以用这种方法实现。

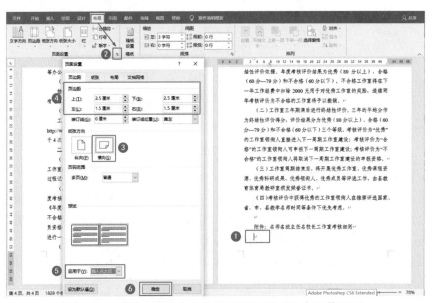

图 6-12　"更改纸张方向和页边距"并"选应用范围"

（2）显示或隐藏插入的"分节符（下一页）"。

其实第二种方法与第一种方法的实现原理都是相同的，都是在插入点后插入"分节符（下一页）"，然后更改了插入点后的纸张方向和页边距。

插入的"分节符（下一页）"默认情况下是隐藏的，如果需要查看或显示出来方便删除，可以按图 6-13 所示操作：①单击"开始"菜单；②单击"段落"组中相对的箭头按钮 ↵ ，可以显示或隐藏插入的"分节符（下一页）"。

可以看到，在第 4 页最后一行的末尾多出了"分节符（下一页）"，也可以在分节符前敲回车键将分节符换行完整显示。

图 6-13　显示"分节符（下一页）"

6.2.2　纵横混排的印证材料

1. 了解任务

如图 6-14 所示，印证材料共有 16 页，需要将第 1～2 页封面目录、第 7～10 页印证材料、第 15～16 页印证材料设置为"纵向"页面，将第 3～6 页印证材料、第 11～14 页印证材料设置为"横向"页面。

图 6-14　印证材料缩略图

2. 操作步骤

下面以新建文档为例完整演示制作纵横混排印证材料的两种方法和步骤。

方法一："插入分节符"后"更改纸张方向"。

（1）新建 Word 文档，设置封面和目录页，如图 6-15 所示。

① 新建 Word 文档并输入设置封面内容后，将光标定位到封面末尾，单击"布局"菜单，点击"分隔符"，选择"分页符"；

②输入并设置目录页内容，目录页内容也可先空着后面再进行编辑。

注意不是"分节符"下面的"下一页"，因为下一页的目录页不需要更改纸张及方向及其他页面设置。"分页符"的作用是目录页如果添加或删除行，或者更改行距等，下一页不会跟着移动。

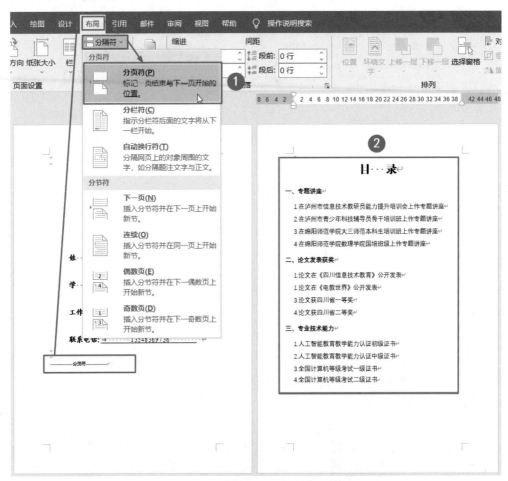

图 6-15　印证材料封面和目录页

（2）将第 3～6 页修改为"横向"页面。

如图 6-16 所示，插入"分节符（下一页）"：①在第 2 页末尾敲两次回车键输入两个空行，也可直接将光标定位到第 2 页末尾；②单击"布局"菜单，点击"分隔符"，选择"分节符"下面的"下一页"。这时，Word 自动产生下一页。

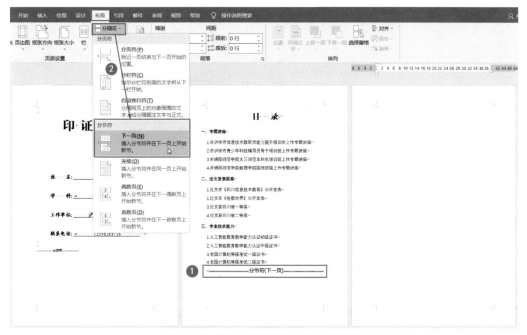

图 6-16　插入"分节符（下一页）"

如图 6-17 所示，更改纸张方向和页边距：①将光标插入点定位到第 3 页，对齐方式设置为居中，单击"布局"菜单，单击"页面设置"选项组右下角的"对话框启动器"按钮，弹出"页面设置"对话框；②在"纸张方向"选项中选择"横向"，在"页边距"选项中将上下左右均设置为 1 厘米；③点击"确定"按钮。

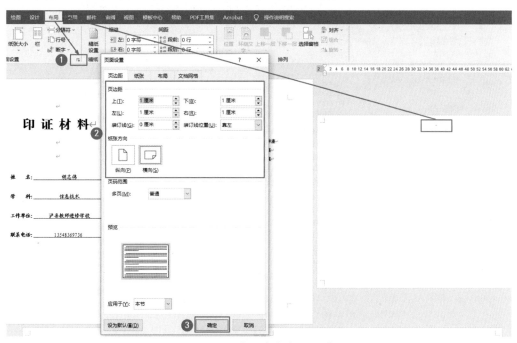

图 6-17　更改纸张方向和页边距

如图 6-18 所示，在第 3～6 页分别插入横向印证材料。

图 6-18　印证材料第 1～6 页缩略图

（3）将第 7～12 页修改为"纵向"页面。

如图 6-19 所示，插入"分节符（下一页）"：①将光标定位到第 6 页末尾；②单击"布局"菜单，点击"分隔符"，选择"分节符"下面的"下一页"，Word 自动产生下一页。

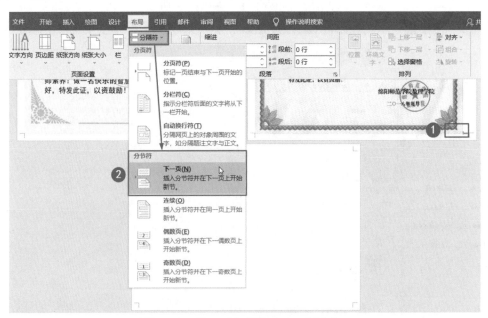

图 6-19　插入"分节符（下一页）"

如图 6-20 所示，更改纸张方向：①确认将光标插入点定位到第 7 页；②单击"布局"菜单，单击"纸张方式"下拉按钮，在弹出的下拉菜单中选择"纵向"。

图 6-20　更改纸张方向

如图 6-21 所示，在第 7~10 页分别插入纵向印证材料。

图 6-21　印证材料第 1~10 页缩略图

按操作步骤（2）和操作步骤（3）的方法类推，将后续的第 11~14 页修改为"横向"页面，将后续的第 15~16 页修改为"纵向"页面，即可得到如图 6-22 所示的效果。

图 6-22　印证材料缩略图

方法二："更改纸张方向"后"选应用范围"。

（1）新建 Word 文档，设置封面和目录页。

封面与目录页的操作与方法一的操作步骤（1）完全相同，在此不再重复。

（2）将第 3~6 页修改为"横向"页面，如图 6-23 所示。

① 在第 2 页末尾敲两次回车键输入两个空行，直接定位到第 2 页末尾也行，单击"布局"菜单，单击"页面设置"选项组右下角的"对话框启动器"按钮，弹出"页面设置"对话框；

② 在"纸张方向"选项中选择"横向"；

③ 在"页边距"选项中将上、下、左、右均设置为 1 厘米；

④ 在"应用于"选项中选择"插入点之后"；

⑤ 点击"确定"。

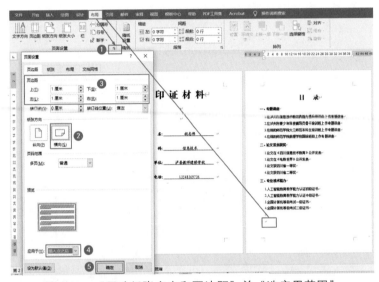

图 6-23　"更改纸张方向和页边距"并"选应用范围"

其实第二种方法与第一种方法的实现原理都是相同的，都是在插入点后插入"分节符（下一页）"，只是默认情况下分节符是隐藏的，可以按如图 6-24 所示操作显示插入的分节符：① 单击"开始"菜单；② 单击"段落"组中相对的箭头按钮。

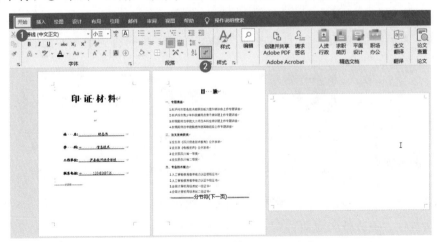

图 6-24　显示"分节符（下一页）"

如图 6-25 所示，在第 3 页设置对齐方式为居中，在第 3～6 页分别插入横向印证材料。

图 6-25 印证材料第 1～6 页缩略图

（3）将第 7～10 页修改为"纵向"页面，如图 6-26 所示。

图 6-26 更改第 7～10 页纸张方向为"纵向"

① 将光标定位到第 6 页末尾，单击"布局"菜单，单击"页面设置"选项组右下角的"对话框启动器"按钮，弹出"页面设置"对话框；

② 在"纸张方向"选项中选择"纵向"；

③ 在"应用于"选项中选择"插入点之后"；

④ 点击"确定"按钮，在第 7 ~ 10 页分别插入纵向印证材料。

（4）将第 11 ~ 14 页修改为"横向"页面，如图 6-27 所示。

① 将光标定位到第 10 页末尾，单击"布局"菜单，单击"页面设置"选项组右下角的"对话框启动器"按钮，弹出"页面设置"对话框；

② 在"纸张方向"选项中选择"横向"；

③ 在"应用于"选项中选择"插入点之后"；

④ 点击"确定"按钮，在第 11 ~ 14 页分别插入纵向印证材料。

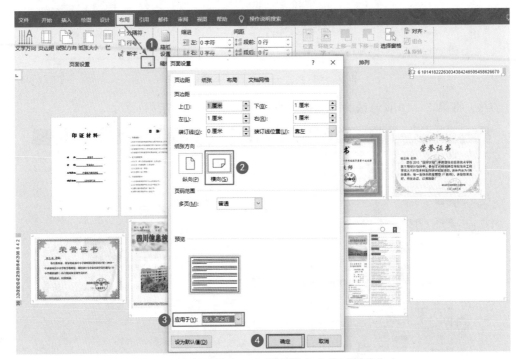

图 6-27　更改第 11 ~ 14 页纸张方向为"横向"

（5）将第 15 ~ 16 页修改为"纵向"页面，如图 6-28 所示。

① 将光标定位到第 14 页末尾，单击"布局"菜单，单击"页面设置"选项组右下角的"对话框启动器"按钮，弹出"页面设置"对话框；

② 在"纸张方向"选项中选择"纵向"；

③ 在"应用于"选项中选择"插入点之后"；

④ 点击"确定"按钮，在第 15 ~ 16 页分别插入纵向印证材料，即可得到如图 6-29 所示的效果。

图 6-28　更改第 15 ~ 16 页纸张方向为"纵向"

图 6-29　印证材料缩略图

6.3　为每章设置不同的页眉

阅读书籍时，我们经常会看到书籍的页眉处显示了该章节标题，这种效果相当于一个导航，可以知道阅读到哪个位置了。中小学教师在编写校本读物或其他长文档时，可以采用为每章设置不同的页眉，以方便阅读和快速了解整个文档的内容。

6.3.1　了解任务

如图 6-30 所示，《钢笔字训练教程》共有七章，需要为每章设置不同页眉，在正文每一页的页眉位置显示当前页所在章的"章标题"，如"第×章×××"。

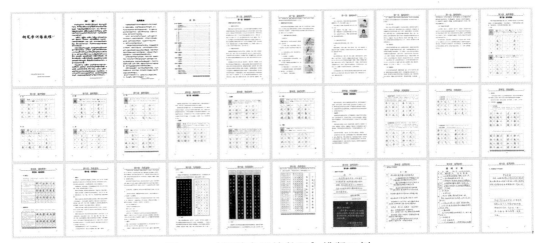

图 6-30　《钢笔字训练教程》排版示例

6.3.2　操作步骤

1. 为每章分节，即插入分节符

如图 6-31 所示，为第一章插入插入"分节符"→"下一页"：① 将光标定位到第一章标题的前面；② 单击"布局"菜单，点击"分隔符"，选择"分节符"下面的"下一页"。

完成"分节符（下一页）"的插入后，第一章标题会自动移动到下一页的第一行位置。插入的"分节符（下一页）"默认情况下是隐藏的，如果需要查看或显示出来方便删除，可以按图 6-32 所示操作：① 单击"开始"菜单；② 单击"段落"组中相对的箭头按钮，可以显示或隐藏插入的"分节符（下一页）"。

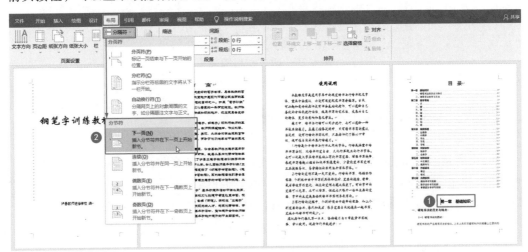

图 6-31　为第一章插入"分节符"→"下一页"

图 6-32　查看插入的"分节符（下一页）"

按照同样的方法，在第二章至第七章前面分别插入"分节符"→"下一页"。

2. 每章设置不同页眉

如图 6-33 所示，为第一章设置页眉：①将鼠标移到第一章其中任意一页的页眉位置，双击页眉打开页眉编辑状态，菜单栏多出一个"页眉和页脚"菜单；②单击"页眉和页脚"菜单下的"链接到前一节"按钮，取消"链接到前一节"选项；③输入第一章页眉想要显示的内容"第一章　基础知识"，设置页眉的字体、字号，如"方正小标宋简体"和"二号"。

这时我们看到第一章以后的页眉都显示相同的内容了，我们要让不同章节显示不同的页眉，后面每章要分别进行类似的操作。

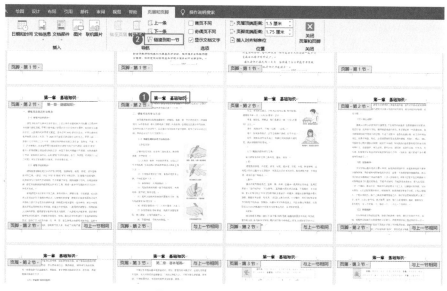

图 6-33　设置第一章页眉

第 6 章　Word 分节符的应用

如图 6-34 所示，为第二章设置页眉：① 将鼠标移到第二章其中任意一页的页眉位置，双击页眉打开页眉编辑状态，菜单栏多出一个"页眉和页脚"菜单；②单击"页眉和页脚"菜单下的"链接到前一节"按钮，取消"链接到前一节"选项；③输入第二章页眉想要显示的内容"第二章　基本笔画"。

图 6-34　设置第二章页眉

这时我们看到第二章以后的页眉都显示相同的内容了，我们要让不同章节显示不同的页眉，后面第三章至第七章每章都分别进行类似的操作，即可为每章设置不同的页眉。

第7章

Word 自动生成目录

Word 目录会列出文档中各级标题以及每个标题所在的页码，能够体现一篇文档的整体结构，也能够让读者快速查找到所需阅读的内容，在校本读物、各种方案、报告或其他长文档排版时，目录的制作是必不可少的。

7.1 了解任务内容

如图 7-1 所示，《教育科研课题阶段研究报告》共有 7 个一级标题，前面 6 个一级标题下都分别有 2～6 个二级标题，需要将所有一级标题和二级标题的内容和所在的页码制作成目录页。具体任务内容：一是设置从正文开始编第 1 页，封面和目录不编页码；二是设置自动生成目录，可随时更新目录；三是根据目录内容的多少，自定义目录的字体、字号和行距。

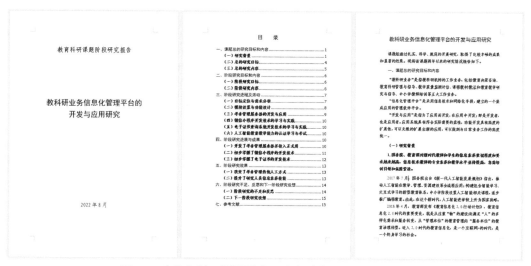

图 7-1 《教育科研课题阶段研究报告》目录制作示例

7.2 分析制作思路

设置 Word 自动生成目录有三个关键内容，一是设置正文页码从第 1 页开始；二是设置自动生成目录；三是自定义目录的字体、字号和行距。

1. 设置正文页码从第 1 页开始

设置正文页码从第 1 页开始的操作在 7.1 节有详细介绍，主要是先在正文前插入分节符，然后设置从正文开始编页码。分节符的作用是让不同的节可以分别进行不同的页面设置，包括页码格式、页码的起始页码、页眉页脚、纸张大小、纸张方向、页边距等，不同的节可以分别设置。

2. 设置自动生成目录

设置自动生成目录的关键是为需要制作目录内容的标题设置不同的大纲级别，因为只有设置了大纲级别的标题内容才能被提取到自动目录中。不同大纲级别的标题使用了不同的缩进格式，这样能够在视觉上体现更好的层次感。在 Word 中体现目录层次感是基于大纲级别的数字而实现的。大纲级别为 1 级的内容将作为目录的顶级标题。大纲级别为 2 级的内容将作为目录的二级标题，以此类推。在使用 Word 预置样式自动创建目录时，Word 只提取大纲级别为 1 级 ~ 3 级的内容。

3. 自定义目录的字体、字号和行距

自动生成的目录，其默认字号、行距都比较小，如果目录内容太少、只有小半页，会很不协调，根据目录内容的多少合理修改目录的字体、字号、行距等，会让目录更加美观和协调。自动生成目录后可能还会经常对正文的内容进行增删或格式设置，目录内容和页码都会经常发生变化，每次变化都重新设置目录的字体、字号、行距会非常麻烦，所以我们要学习修改自定义的目录样式，让目录每次发生变化都能自动得到我们预期的效果。

7.3 操作方法步骤

7.3.1 插入正文分节符

1. 封面页末尾插入分页符

如图 7-2 所示：① 将光标定位在封面页的末尾；② 单击"布局"菜单，点击"分隔符"，选择"分页符"。这时，Word 自动产生下一页。

插入"分页符"有两个好处：一是不用敲很多回车键就能直接从当前位置跳到下一页；二是如果当前页字号变大变小、行数变多变少、行距变大变小，都不会影响到后面页数的排版效果。

图 7-2　封面页末尾插入分页符

2. 目录页末尾插入分节符

如图 7-3 所示：①将光标定位在目录页的末尾；②单击"布局"菜单，点击"分隔符"，选择"分节符"下面的"下一页"。这时，Word 自动产生下一页。

说明：目录页可以先随意输入一些内容，敲几个回车键空几行，留一张空白页面即可，在后面正文编辑完以后再插入自动目录。

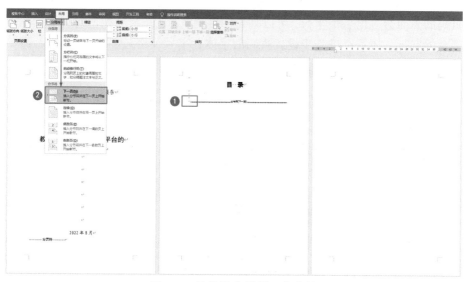

图 7-3　目录页末尾插入分节符

7.3.2　设置正文文档页码

1. 选择插入页码的位置和样式

如图 7-4 所示：①将鼠标移到要设置为第 1 页的页脚，即将鼠标移到正文第 1 页的页脚，双击页脚打开页脚编辑状态，菜单栏多出一个菜单；②单击"链接到前一节"按钮，取消"链接到前一节"选项；③单击"页码"按钮，在弹出的下拉菜单中选择插入页码的位置和样式，如"页面底端"和"普通数字 2"。

图 7-4　选择插入页码的位置和样式

2. 设置页码格式和起始页码

如图 7-5 所示：① 单击"页码"按钮，在弹出的下拉菜单中选择"设置页码格式"；② 在弹出的对话框中选择页码的编号格式，起始页码设置为 1，点击"确定"按钮。插入页码的下面会多出一个空行，可以将光标移到空行上，连续按两次键盘上的退格键删除多余的空行，还可以进一步设置页码的字体、字号等格式。

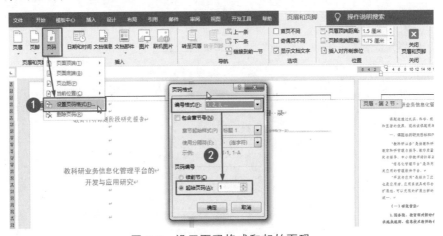

图 7-5　设置页码格式和起始页码

3. 关闭页眉和页脚编辑状态

如图 7-6 所示，单击"关闭页眉和页脚"按钮，这样就成功设置了页码从指定页开始；也可双击文档区域关闭页眉页脚编辑状态。

图 7-6　关闭页眉和页脚编辑状态

7.3.3　设置标题大纲级别

1. 设置一个大纲级别为 1 级的标题

如图 7-7 所示：① 选中要设置目录的标题，只将光标移入要设置目录的标题行，不选中也行；② 单击右键，在弹出的快捷菜单中选择"段落"命令；③ 在弹出"段落"对话框中"大纲级别"下拉列表中选择所需的大纲级别；④ 单击"确定"按钮。

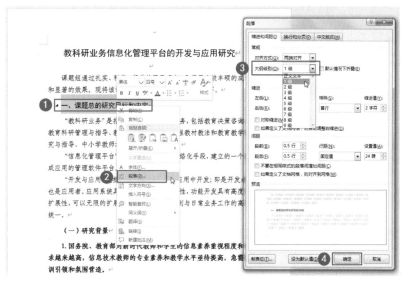

图 7-7　设置标题大纲级别

2. 利用格式刷设置所有大纲级别为 1 级的标题

格式刷是 Word 中的一种工具，用格式刷"刷"格式，可以快速将指定段落或文本的格式复制到其他段落或文本上，免受重复设置之苦。格式刷位于"开始"菜单上，图标就是一把"刷子"。

如图 7-8 所示：① 将鼠标移动到设置好大纲级别、字体、字号、行距等格式的文字的页面左边页边距外，形成右向上箭头时，如标题只有一行单击即可选中一行，如标题有多行双击即可选中整个段落；② 双击"开始"菜单下的"格式刷"图标；③ 将光标移到需要同样格式的文字的页面左边页边距外，形成右向上箭头时，单击鼠标则设置好所选行的格式，单击鼠标不松手向下或向上拖选几行及设置好所拖选多行的格式，双击鼠标则设置所选段落的格式；④ 再次单击 "格式刷"按钮结束使用当前格式刷，也可按下键盘上的"Esc"退出键结束使用当前格式刷。

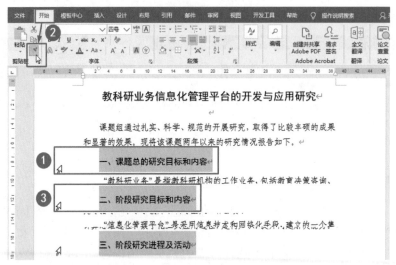

图 7-8　使用格式刷设置需设置为目录的标题文本

3. 根据需要设置和格式化大纲级别为 2 级或 3 级的标题

本示例只需要制作两级目录，如需制作三级或更多级目录，均设置好一个大纲级别后，采用上面格式刷的方法格式化其他需要设置相同级别的标题内容即可。

7.3.4　插入自动生成目录

如图 7-9 所示：① 将光标移到需要插入目录的预留的空白页面位置；② 单击"引用"菜单，单击"目录"下拉按钮，选择"自动目录 1"或"自动目录 2"，便自动生成目录了。

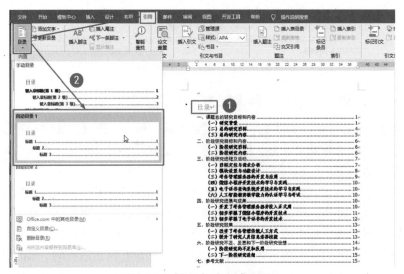

图 7-9　插入自动生成目录

7.3.5　修改自定义目录样式

自动生成的目录很多时候需要调整字体、字号、行距才更加美观。如果全选目录内容修改字体、字号、行距为我们满意的效果，后面目录一旦更新，所有的修改都会瞬间打回原形。这里分享一种最简单、快捷的自定义目录样式的步骤和方法，后面目录再次更新也能保持修改后的样式。

1. 为"目录"二字设置为合适的行距和字号

"目录"二字的行距和字体、字号修改以后，后面目录再次更新也能继续保持。具体操作如图 7-10 所示：① 设置"目录"二字的字体、字号、颜色，如字体为"微软雅黑""加粗"，字号为"二号"，颜色为"黑色"；② 设置"目录"二字的段落格式，如对齐方式为"居中"，缩进方式为"无"，间距为"单倍行距""段前自动""段后自动"。

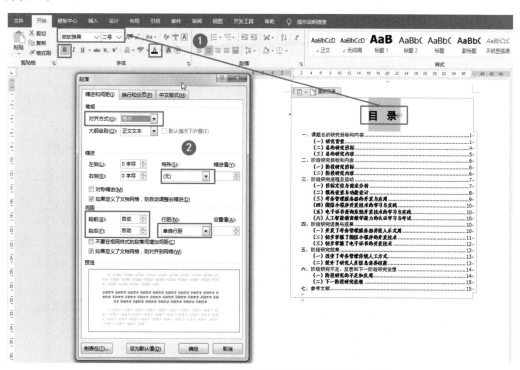

图 7-10　为"目录"二字设置合适的行距和字号

2. 为所有目录内容设置合适的行距和字号

很多时候自动生成的目录，其行距不是很恰当，需进行调整。可以先全选所有目录内容，修改行距的固定值和字号至满意的效果，为后面设置目录的行距和字号做准备。具体操作如图 7-11 所示：① 全选目录内容，单击鼠标右键，在弹出的快捷菜单中选择"段落"命令，弹出"段落"对话框。

目录初始状态太紧凑，只有半页不美观。在"段落"对话框中调整行距"固定值"，观察左边目录在一页内排版至比较饱满的状态。具体操作如图 7-12 所示：② 单击"行距"下面的下拉按钮，选择"固定值"，在"设置值"值输入不同的值查看效果，这里输入"22"磅比较合适；③ 单击"确定"按钮。

图 7-11　为所有目录内容设置合适的行距和字号 1

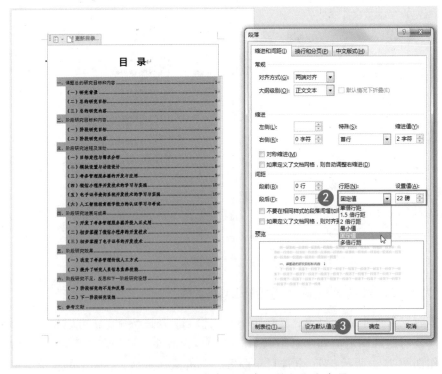

图 7-12　为所有目录内容设置合适的行距和字号 2

　　这时我们看到左边目录的字体显得比较小，需要再修改字号。通过比较，这里将字号设置为"四号"比较合适。

3. 修改自定义目录的字体和段落格式

前面的方法对目录的行距和字号设置得比较恰当和美观了，但正文经常会反复修改和调整，一旦更新目录，前面对目录的所有修改都会瞬间打回原形，又得重复进行。通过修改"自定义目录"，可以让目录修改后的字体、字号、行距等格式固定下来，后面随时更新目录都保持目录格式不变。修改"TOC1"一级目录样式的具体操作如下：

如图 7-13 所示：① 在"引用"菜单下的"目录"下拉菜单中选择"自定义目录"；② 在弹出的"目录"对话框中单击"修改"按钮。

图 7-13　打开"自定义目录"对话框

如图 7-14 所示：③ 在上一步操作弹出的"样式"对话框中，选择"TOC1"相当于对一级目录的格式进行修改，选择"TOC2"相当于对二级目录的格式进行修改，以此类推；④ 点击"修改"按钮；⑤ 在弹出的"修改样式"对话框中直接设置字体、字号；⑥ 单击"格式"下拉菜单，分别选择"字体"和"段落"命令进行所需设置。

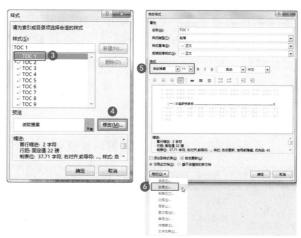

图 7-14　打开设置"TOC1"一级目录样式对话框

如图 7-15 所示：⑦ 在上一步操作弹出的"字体"和"段落"对话框中按自己需要

的效果进行相应的设置，如字体设置为"黑体"，字号设置为"14"，行距设置为固定值"22 磅"。

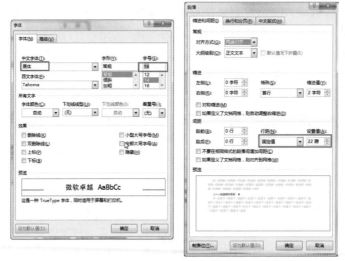

图 7-15　设置所选大纲级别目录的字体和段落格式

以上是修改"TOC1"一级目录样式的操作步骤和方法，以此类推，可以根据需要继续修改"TOC2"二级目录或"TOC3"三级目录的样式。

7.3.6　修改内容与更新目录

Word 长文档一般都要反复进行修改，包括内容的增、删及修改，特别是标题文字的提炼，还有内容顺序的调整，字体、字号、行距的设置等，所以每次修改正文后都要更新目录，令目录与正文保持一致。

1. 利用"导航窗格"快捷修改内容

阅读长文档需要一页页去翻，岂不是太麻烦了？Word 长文档的标题基本确定并设置好大纲级别后，Word 有一个非常实用的功能就是"导航窗格"，它是文档的"GPS"，不仅集成了查找、定位功能，并且还可以对文档结构进行快速调整，对提高工作效率十分有帮助。

（1）打开导航窗格，如图 7-16 所示。

①单击"视图"菜单；②勾选"导航窗格"复选框。即可显示导航窗格，取消勾选则会隐藏导航窗格。也可直接按"Ctrl+F"组合键可快速调出"导航窗格"。

图 7-16　打开导航窗格

（2）使用导航窗格快速查看文档结构并定位相应章节内容，如图 7-17 所示。在"导航窗格"的"页面"导航中，如果文档中的内容设置了大纲级别，那么在导航窗格中就会显示有类似目录一样的标题列表，点击对应标题可快速定位并浏览相应章节的内容。

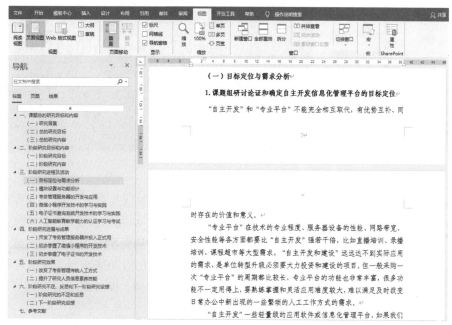

图 7-17　使用导航窗格快速查看文档结构并定位相应章节内容

（3）使用导航窗格快速查看文档结构并直接调整章节顺序。

编辑文档时，若发现某两节内容的逻辑顺序不对，想要调换一下，可直接在导航窗格中进行调整。如图 7-17 所示，在导航窗格中直接拖动标题到新的位置即可。

2. 更新目录的操作方法

Word 文档目录设置好以后，后面对正文又进行了修改和调整，需要更新目录。具体操作如图 7-18 所示：①在生成的目录任意处，右击鼠标；②单击"更新域"，会弹出更新目录对话框；③如果目录文字内容没发生改变，只是页码有改变，选择"只更新页码"，如果目录文字内容有改变，选择"更新整个目录"。

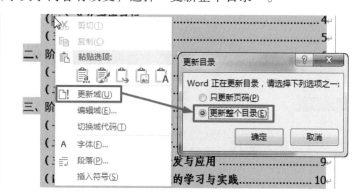

图 7-18　更新目录

第 8 章

Office 神奇的 SmartArt

SmartArt 是一项图形功能，是自 Office 2007 版本以来增加的新功能，具有功能强大、类型丰富、效果生动的优点。用户可在 PowerPoint、Word、Excel 中通过 SmartArt 来建立各种各样的图形，瞬间把要表达的观点以更直观的视觉呈现方式表现出来，让文档图文并茂，更准确、高效地传递信息，更吸引人，并且在后期编辑与美化时有很大的调整空间。SmartArt 包括 8 种类型，分别是列表型、流程型、循环型、层次结构型、关系型、矩阵型、棱锥图型、图片型。

8.1 插入层次图形

8.1.1 了解任务

教学成果《融合课程开发与实施》的"四性"开发原则是指融合课程开发应遵循的"自主性、探究性、多样性、创新性"四个基本原则；"四化"实施原则是指融合课程实施应遵循的"教学目标可视化、课程内容结构化、探究活动情境化、学科融合项目化"四个基本原则。如图 8-1 ~ 8-3 所示，这段文字可用"层次结构"的 SmartArt 图形进行直观的表示，并且可以轻松、快速地改变 SmartArt 图形的颜色、样式等内容。

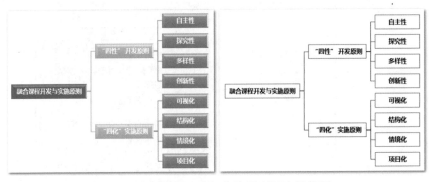

图 8-1　融合课程开发与实施原则层次结构图 1

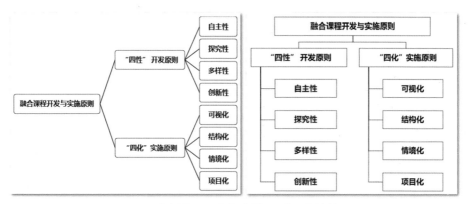

图 8-2 融合课程开发与实施原则层次结构图 2

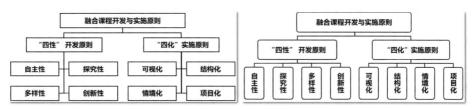

图 8-3 融合课程开发与实施原则层次结构图 3

8.1.2 操作步骤

1. 插入 SmartArt

如图 8-4 所示：①将光标定位到文档中需要插入 SmartArt 的位置，单击"插入"菜单中的"SmartArt"按钮；②在打开的"选择 SmartArt 图形"对话框左侧列表中单击"层次结构"，在中间列表中选择一种 SmartArt，如第 2 行第 4 个"水平组织结构图"，右侧会显示当前所选 SmartArt 的效果图和简要说明；③单击"确定"按钮，在光标插入点位置创建所选择的"水平组织结构图"。水平组织结构图初始效果如图 8-5 所示。

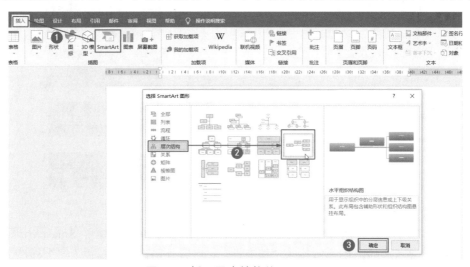

图 8-4 插入层次结构的 SmartArt

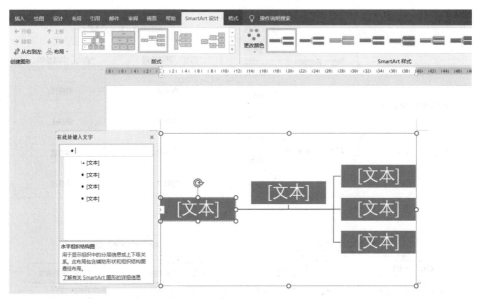

图 8-5　水平组织结构图初始效果

2. 调整 SmartArt 结构

默认创建的 SmartArt 形状的数量和结构不一定能满足实际使用需求，输入所需表达的内容后，还需要删除、添加一些形状或调整形状的级别，才能达到所需要的效果。

如图 8-6 所示，展开与 SmartArt 关联的文本窗格：①将光标定位在第一行，按下键盘上的"Del"键，删除第一行后面的"助理"形状；②在文本窗格中依次换行输入需要表现的一级、二级、三级文字内容；③依次右键单击三级文字内容"自主性"和"可视化"，在弹出的快捷菜单中选择"降级"。

在 SmartArt 关联的文本窗格中右键单击某个图形的快捷菜单中分别有"升级""降级""上移""上移"命令，可以根据需要改变所选图形的级别和位置。

图 8-6　调整 SmartArt 形状的级别

如图 8-7 所示，可以在 SmartArt 关联的文本窗格中添加或删除 SmartArt 图形：① 单击"自主性"后敲回车键输入"探究性"，然后分别敲回车键输入"多样性""创新性"；② 单击"可视化"后敲回车键输入"结构化"，然后分别敲回车键输入"情境化"   "项目化"。

在 SmartArt 关联的文本窗格中单击某个图形后敲回车键,实现在当前图形下添加同级别的图形;单击某个图形后按下键盘上的"Del"键,则删除当前图形。

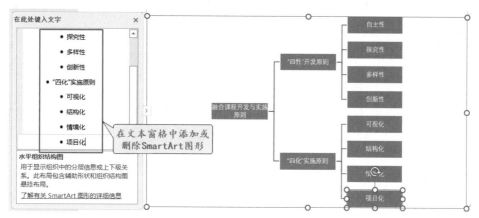

图 8-7   文本窗格中添加或删除 SmartArt 形状

如图 8-8 所示,可以右键单击 SmartArt 的某个图形添加或删除 SmartArt 图形:① 右键单击 SmartArt 的某个图形;② 单击"添加形状"下拉菜单;③ 选择要添加的形状。"在后面添加形状"和"在前面添加形状"表示在当前形状的同一级别上添加一个新形状;"在上方添加形状"和"在下方添加形状"表示在当前形状的上一级或下一级添加一个形状。

单击某个图形后按下键盘上的"Del"键,则删除当前图形,右键单击某个图形后,单击快捷菜单中的"剪切"命令,则删除当前图形。

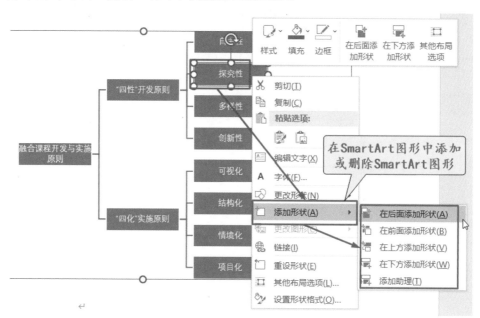

图 8-8   右键快捷菜单中添加或删除 SmartArt 形状

如图 8-9 所示,可以在"SmartArt 设计"菜单的功能区添加 SmartArt 图形:①在

SmartArt 左边文本窗格或右边图形中选中某个内容；②单击"SmartArt 设计"菜单下"添加形状"的下拉菜单；③选择要添加的形状。

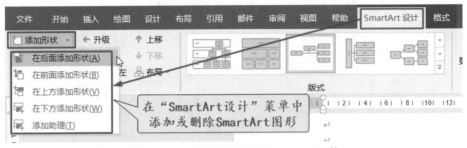

图 8-9　Word 菜单中添加 SmartArt 形状

3. 美化 SmartArt 整体外观

"SmartArt 设计"菜单提供了改变 SmartArt 整体外观的颜色和样式选项，让我们可以快速地对 SmartArt 进行美化，设置出各种风格的整体美化效果。

如图 8-10 所示：①选中 SmartArt 图形，菜单栏多出"SmartArt 设计"和"格式"两个栏目；②单击"SmartArt 设计"菜单，单击"更改颜色"下拉按钮；③选择一种自己喜欢的"彩色"方案。

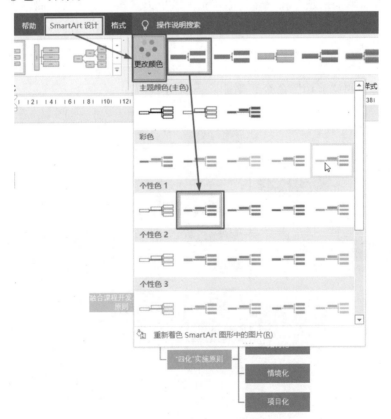

图 8-10　选择 SmartArt 颜色方案

如图 8-11 所示：①选中 SmartArt 图形；②单击"SmartArt 设计"，在"更改颜色"

右边 SmartArt 样式库中选择一种自己喜欢的样式方案，如第 6 个"优雅"样式。

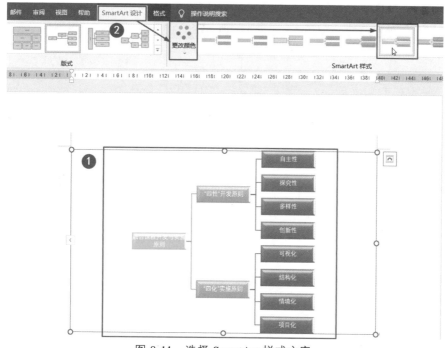

图 8-11　选择 SmartArt 样式方案

4. 调整 SmartArt 局部格式

还可以进一步修改 SmartArt 每个区块形状的颜色、大小、形状、字体、字号等。

如图 8-12 所示：①选中 SmartArt 第一个形状"融合课程开发与实施原则"；②单击"格式"菜单；③将"宽度"由"2.58 厘米"修改为"4.6 厘米"；④单击"形状填充"下拉菜单，将形状填充色修改为红色。

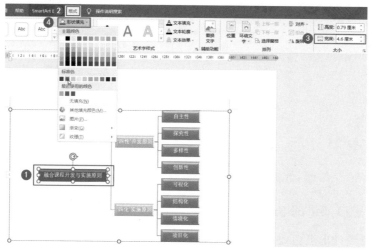

图 8-12　设置 SmartArt 形状的大小和填充颜色

如图 8-13 所示：①在 SmartArt 左边文本窗格中选择需要设置的文字；②在"开始"

菜单中设置字体为"微软雅黑",字号为"10.5 磅",加粗。至此,我们设计出了如图 8-14 所示的彩色优雅效果的层次结构 SmartArt 图形。

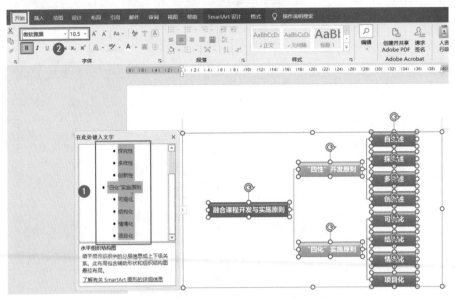

图 8-13 设置 SmartArt 形状的字体、字号

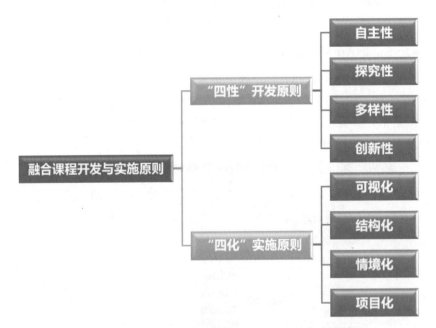

图 8-14 彩色优雅效果的层次结构 SmartArt 图形

5. 设计黑白效果的 SmartArt

如果需要设计出黑白效果的 SmartArt,可以通过更改"主题颜色"和"样式方案"实现。

如图 8-15 所示:①选中 SmartArt 图形;②单击"SmartArt 设计"菜单,单击"更改颜色"下拉按钮；③选择"主题颜色"第一种"深色1轮廓"。

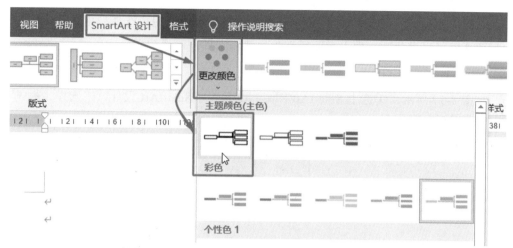

图 8-15　设计黑白效果的 SmartArt 步骤 1

如图 8-16 所示：①选中 SmartArt 图形；②单击"SmartArt 设计"，在"更改颜色"右边 SmartArt 样式库中根据预览效果选择一种自己喜欢的方案，如第一种"简单填充"。

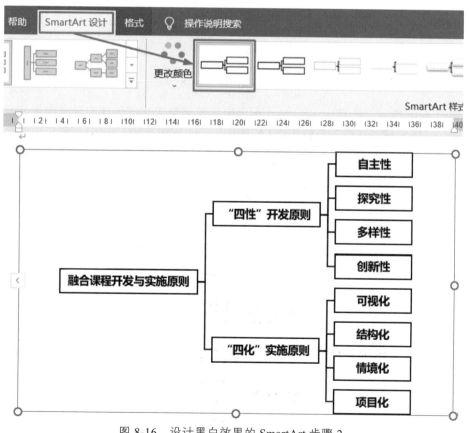

图 8-16　设计黑白效果的 SmartArt 步骤 2

6. 更改 SmartArt 布局版式

在同一种类型的 SmartArt 图形中，有多种布局版式供用户选择。用户设计好一种布局版式后，可以在同一种类型的多种布局版式中进行快速切换。

1）更改 SmartArt 布局版式（一）

如图 8-17 所示：①选中 SmartArt 图形；②单击"SmartArt 设计"，选择"版式"中第二行最后一种布局。

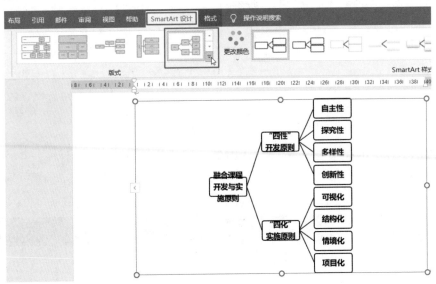

图 8-17　更改 SmartArt 布局版式（一）步骤 1

如图 8-18 所示：①选中 SmartArt 图形中需要调整大小的形状"融合课程开发与实施原则"，将形状"宽度"调整为"4.5 厘米"；②同时选中 SmartArt 图形中需要调整大小的形状"四性开发原则"和"四化实施原则"，将形状"宽度"调整为"3.6 厘米"。

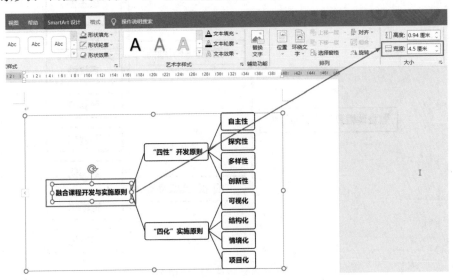

图 8-18　更改 SmartArt 布局版式（一）步骤 2

2）更改 SmartArt 布局版式（二）

如图 8-19 所示：①选中 SmartArt 图形；②单击"SmartArt 设计"，单击"版式"中的下拉按钮；③选择"版式"中第一行第一种布局。

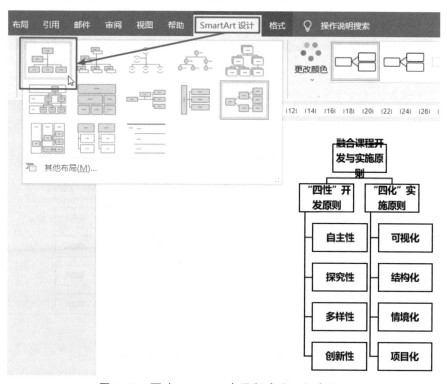

图 8-19　更改 SmartArt 布局版式（二）步骤 1

如图 8-20 所示：①选中 SmartArt 图形中最上面的三个形状；②单击"格式"菜单，将"宽度"修改为"4.5 厘米"。

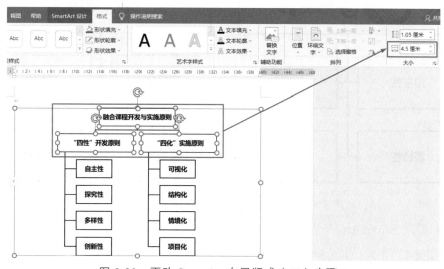

图 8-20　更改 SmartArt 布局版式（二）步骤 2

3）更改 SmartArt 布局版式（三）

如图 8-21 所示：①选中 SmartArt 图形第二行的两个形状"四性开发原则"和"四化实施原则"；②单击"SmartArt 设计"；③单击"布局"下拉按钮，选择"两者"。修改后将得到如图 8-22 所示的效果。

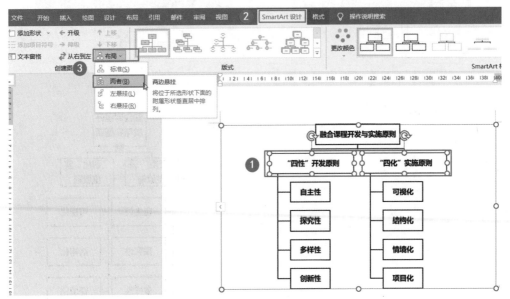

图 8-21 　更改 SmartArt 布局版式（三）

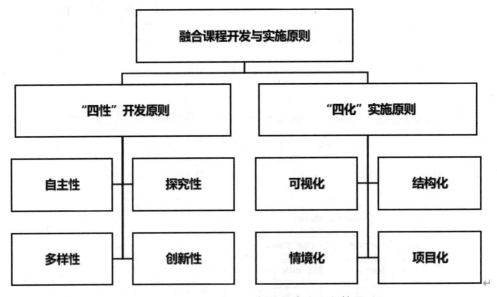

图 8-22 　更改 SmartArt 布局版式（三）效果

4）更改 SmartArt 布局版式（四）

如图 8-23 所示：①选中 SmartArt 图形；②单击"SmartArt 设计"，单击"版式"中的下拉按钮；③选择"版式"中第二行第一种布局。

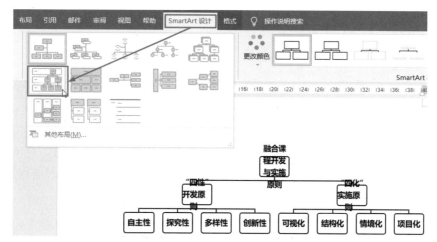

图 8-23　更改 SmartArt 布局版式（四）步骤 1

如图 8-24 所示：①同时选中 SmartArt 图形中最上面的三个形状；②单击"格式"菜单，将"宽度"修改为"4.5 厘米"。

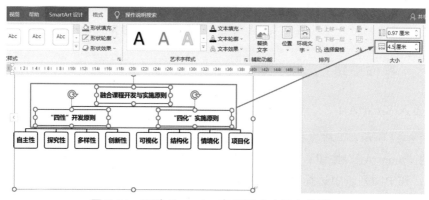

图 8-24　更改 SmartArt 布局版式（四）步骤 2

如图 8-25 所示：①同时选中 SmartArt 图形中最下面的八个形状；②单击"格式"菜单，将"高度"修改为"2 厘米"，将"宽度"修改为"1 厘米"。

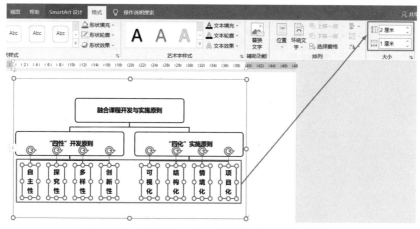

图 8-25　更改 SmartArt 布局版式（四）步骤 3

8.2 插入流程图形

8.2.1 了解任务

教学成果《融合课程开发与实施》探索了"五步五化"融合课程实施模式，"五步"是指实施融合课程的五个步骤，即情景、活动、融合、运用、评价；"五化"是指每个步骤的实施要领，即任务项目化、思维可视化、融合一体化、运用生活化、评价增值化。如图 8-26 所示，这段文字可用"流程"结构的"交替流"SmartArt 图形进行直观的表示，并且可以轻松、快速地改变 SmartArt 图形的颜色、样式等内容。

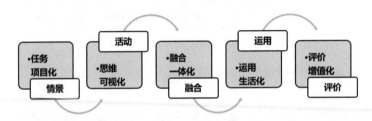

图 8-26 "五步五化"融合课程实施模式流程结构 SmartArt 图形

8.2.2 操作步骤

1. 插入 SmartArt

如图 8-27 所示：①将光标定位到文档中需要插入 SmartArt 的位置；②单击"插入"菜单中的"SmartArt"按钮；③在打开的"选择 SmartArt 图形"对话框左侧列表中单击"流程"，在中间列表中选择自己需要的一种 SmartArt，如第二行第二个"交替流"，右侧会显示当前所选 SmartArt 的效果图和简要说明；④单击"确定"按钮，在光标插入点位置创建所选择的"交替流"流程图，流程图初始效果如图 8-28 所示。

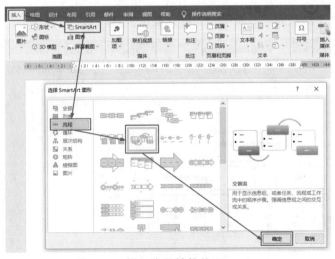

图 8-27 插入流程结构的 SmartArt

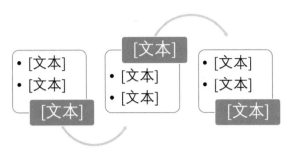

图 8-28 "交替流"流程结构初始效果

2. 调整 SmartArt 结构

如图 8-29 所示,展开与 SmartArt 关联的文本窗格,在文本窗格中依次换行输入一个我们需要表现的一级、二级文字内容。

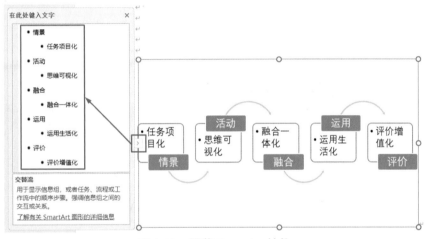

图 8-29 调整 SmartArt 结构

如图 8-30 所示,在文本窗格中将光标依次移动到每个二级形状第二个字后面,按住 Shift 键后敲回车键,手动换行得到我们想要的效果。

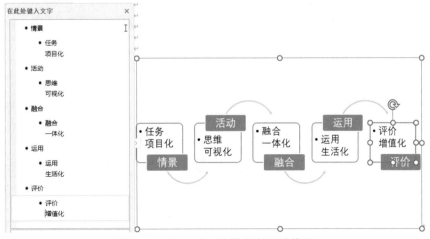

图 8-30 SmartArt 形状文字手动换行

3. 设置黑白效果的 SmartArt

如果我们需要设计出黑白效果的 SmartArt，可以通过更改"主题颜色"和"样式方案"实现。

如图 8-31 所示：①选中 SmartArt 图形；②单击"SmartArt 设计"菜单，单击"更改颜色"下拉按钮；③选择"主题颜色"第一种"深色 1 轮廓"。

图 8-31　设置黑白效果的 SmartArt

4. 设置 SmartArt 的字体和字号

如图 8-32 所示：①在 SmartArt 左边文本窗格中选择需要设置的文字；②在"开始"菜单中设置字体为"微软雅黑"，字号为"10.5 磅"，加粗。至此，我们设计出了如图 8-33 所示的"交替流"流程结构 SmartArt 图形。

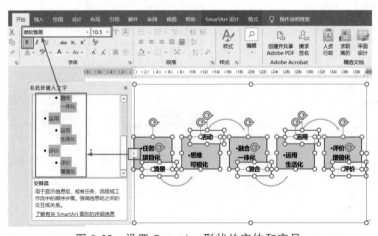

图 8-32　设置 SmartArt 形状的字体和字号

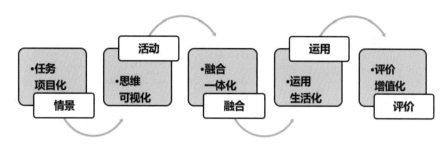

图 8-33 "交替流"流程结构 SmartArt 图形

8.3 插入循环图形

8.3.1 了解任务

教学成果《县域师生书法素养提升实践研究》提出了五年一轮呈迭代的发展模式，即每五年一个周期进行持续的促进与推动，开展练用结合情况的检查和评比，开展应用实例、成长案例、示范学校的展评活动，开展教师三笔字基本功等级检测活动，形成一个完整的封闭的迭代升级发展模式。如图 8-34 所示，这段文字可用"循环"结构的"连续循环"SmartArt 图形进行直观的表示，并且可以轻松、快速地改变 SmartArt 图形的颜色、样式等内容。

图 8-34 "五年一轮呈迭代"循环结构 SmartArt 图形

8.3.2 操作步骤

1. 插入 SmartArt

如图 8-35 所示：①将光标定位到文档中需要插入 SmartArt 的位置；②单击"插入"菜单中的"SmartArt"按钮；③在打开的"选择 SmartArt 图形"对话框左侧列表中单击"循环"，在中间列表中选择自己需要的一种 SmartArt，如第二行第一个"连续循环"，右侧会显示当前所选 SmartArt 的效果图和简要说明；④单击"确定"按钮，在光标插

143

入点位置创建所选择的"连续循环"循环图，循环图初始效果如图 8-36 所示。

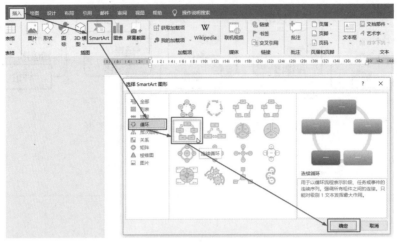

图 8-35 插入循环结构的 SmartArt

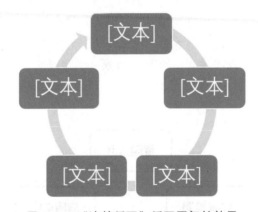

图 8-36 "连续循环"循环图初始效果

2. 输入图形文字

如图 8-37 所示，展开与 SmartArt 关联的文本窗格，在文本窗格中依次换行输入要展示的内容"练用结合""应用实例""成长案例""示范学校""等级检测"。

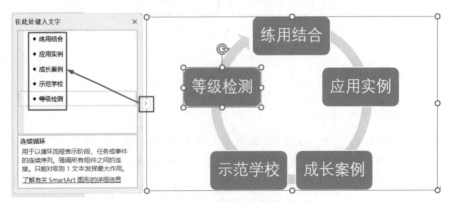

图 8-37 输入 SmartArt 图形文字

3. 设置黑白效果的 SmartArt

如图 8-38 所示：①选中 SmartArt 图形；②单击"SmartArt 设计"菜单，单击"更改颜色"下拉按钮；③选择"主题颜色"第一种"深色 1 轮廓"。

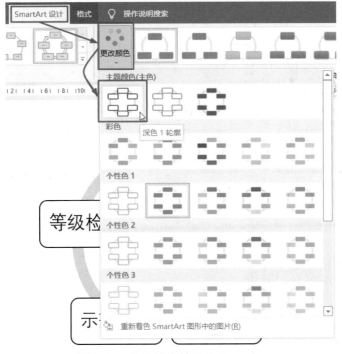

图 8-38　设置黑白效果的 SmartArt

4. 设置 SmartArt 的字体和字号

如图 8-39 所示：①在 SmartArt 左边文本窗格中选择需要设置的文字；②在"开始"菜单中设置字体为"微软雅黑"，字号为"10.5 磅"，加粗。

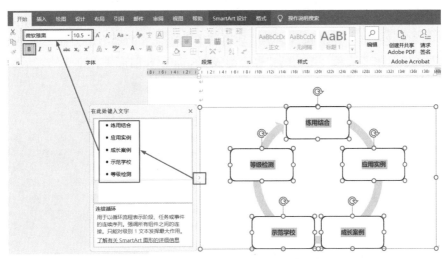

图 8-39　设置 SmartArt 形状的字体和字号

5. 调整 SmartArt 整体大小

如图 8-40 所示，左边的循环图显得太空，此时可以把整个循环图缩小一些：① 单击选中 SmartArt；② 鼠标移动到 SmartArt 右下角空心圆圈处，鼠标指针变为双向箭头时拖动鼠标，可以放大或缩小 SmartArt 的大小；也可通过"格式"菜单改变"高度"和"宽度"的值，实现精准缩放 SmartArt 的大小。

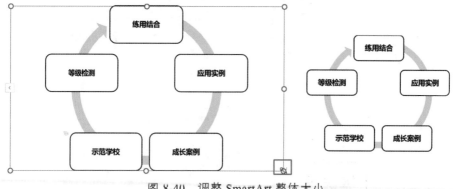

图 8-40 调整 SmartArt 整体大小

8.4 插入关系图形

8.4.1 了解任务

教学成果《县域师生书法素养提升实践研究》制定了五大目标定方向的目标体系。目标之一提质量，提高师生书写质量是课题研究的总目标；目标之二培师资，有充足数量和质量保证的县级、镇级、校级书法培训者队伍，是提高县域师生书法素养的基础目标；目标之三建资源，具有针对性、实用性、系统性的书法训练教程，是促进县域师生坚持书法练习的必备条件；目标之四促应用，引导师生书法练习和学习与工作应用紧密结合，是提高书法水平的有效途径；目标之五增激励，增添师生书法练习应用的展示、交流、推广等激励平台和措施，是提高县域师生书法素养的动力增强剂。如图 8-41 所示，这段文字可用"关系"结构的"聚合射线"SmartArt 图形进行直观的表示，并且可以轻松、快速地改变 SmartArt 图形的颜色、样式等内容。

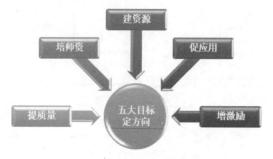

图 8-41 "五大目标定方向"关系结构 SmartArt 图形

8.4.2 操作步骤

1. 插入 SmartArt

如图 8-42 所示：①将光标定位到文档中需要插入 SmartArt 的位置；②单击"插入"菜单中的"SmartArt"按钮；③在打开的"选择 SmartArt 图形"对话框左侧列表中单击"关系"，在中间列表中选择自己需要的一种 SmartArt，如倒数第五行最后一个"聚合射线"，右侧会显示当前所选 SmartArt 的效果图和简要说明；④单击"确定"按钮，在光标插入点位置创建所选择的"聚合射线"关系图，关系图初始效果如图 8-43 所示。

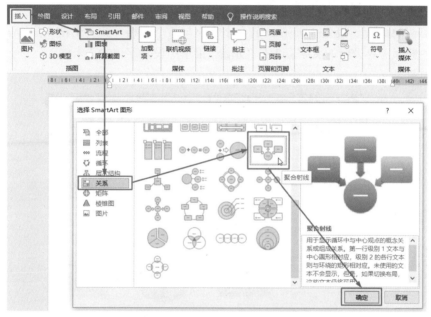

图 8-42 插入关系结构的 SmartArt

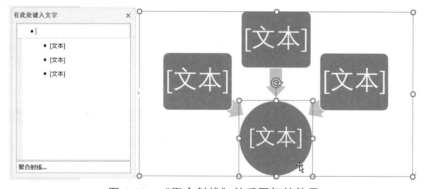

图 8-43 "聚合射线"关系图初始效果

2. 输入图形文字

如图 8-44 所示，展开与 SmartArt 关联的文本窗格，在文本窗格中依次换行输入要展示的内容"五大目标定方向""提质量""培师资""建资源""促应用""增激励"。

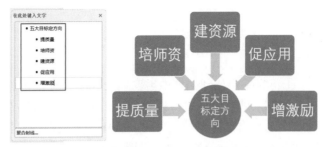

图 8-44　输入 SmartArt 图形文字

3. 设置 SmartArt 的字体和字号

如图 8-45 所示，设置 SmartArt 的文字大小与整个文档一致：①在 SmartArt 左边文本窗格中选择需要设置的文字；②在"开始"菜单中设置字体为"宋体"，字号为"10.5磅"，加粗。

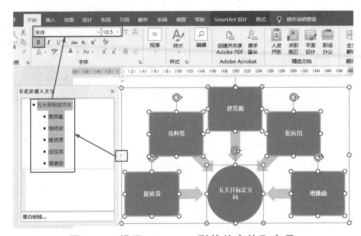

图 8-45　设置 SmartArt 形状的字体和字号

4. 调整 SmartArt 整体大小

如图 8-46 所示，创建的关系图显得太空，此时可以把整个关系图缩小一些：①单击选中 SmartArt；②单击"格式"菜单，改变"高度"为"6 厘米"，改变"宽度"为"12 厘米"。

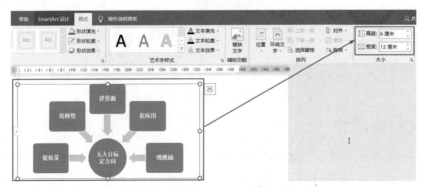

图 8-46　调整 SmartArt 整体大小

5. 调整 SmartAr 局部大小

如图 8-47 所示：①同时选中五个二级图形"提质量""培师资""建资源""促应用""增激励"；②单击"格式"菜单，改变"高度"为"0.8 厘米"，改变"宽度"为"2.4 厘米"。

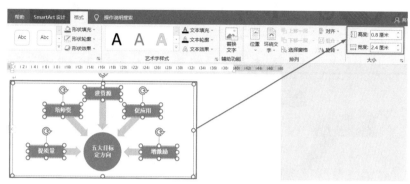

图 8-47　调整 SmartArt 局部大小

6. 美化 SmartArt 整体外观

如图 8-48 所示：①选中 SmartArt 图形，菜单栏多出"SmartArt 设计"和"格式"两个栏目；②单击"SmartArt 设计"菜单，单击"更改颜色"下拉按钮；③选择一种自己喜欢的"彩色"方案，如"彩色"下面的第三个样式。

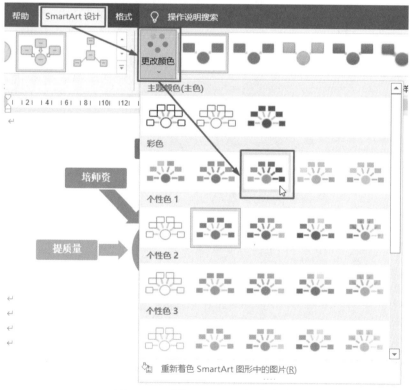

图 8-48　选择 SmartArt 颜色方案

　　如图 8-49 所示：① 选中 SmartArt 图形；② 单击 "SmartArt 设计"，在 "更改颜色" 右边 SmartArt 样式库中选择一种自己喜欢的样式方案，如第六个 "优雅" 样式。

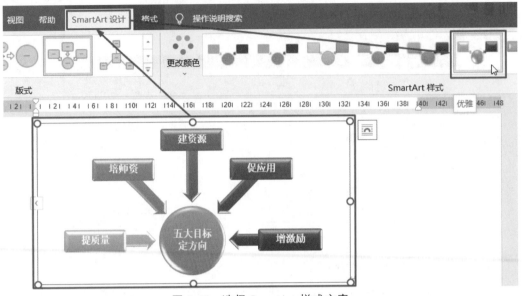

图 8-49　选择 SmartArt 样式方案

第 3 篇　PowerPoint

PowerPoint是一款非常经典的演示文稿软件,能把静态的文件制作成动态的文件、把复杂的问题变得通俗易懂,让静态的文件更加生动,给人留下更为深刻的印象。本篇精心选择了几个比较实用和高效的 PPT 高级实战功能,希望读者能理解并合理运用其中的理念、原则和方法,今后制作演示文稿的效率和效果更加高人一筹,以便在关键时刻能使用最佳方法大显身手。

第 9 章

PPT 快速制作相册

中小学教师在工作中偶尔会遇到需要将大量图片制作成演示文稿或动画的情况，如召开家长会时可能会展示学校开展各种活动的大量图片，或者毕业典礼时需要展示学生几年来学习生活回忆录的各种图片，或者各种培训活动结业典礼需要展示培训风采图片；或者年度总结或工作汇报时需要展示大量活动相片或各类获奖图片等，一张张插入图片和处理图片太慢了，有没有更方便、快捷的方式可以实现呢？

PPT 相册功能非常强大，通过创建相册，可以把几十张甚至更多的图片一次性插入PPT 中，并且自动缩放图片，按用户选择实现每张幻灯片排版 1 张图片、2 张图片或 4 张图片，同时可以为图片添加各种风格的边框。

9.1　了解任务内容

要将如图 9-1 所示的 40 张风景相片插入如图 9-2 所示的幻灯片，每张幻灯片插入两张相片，每张相片添加白色边框。

图 9-1　40 张风景相片

图 9-2　风景欣赏 PPT 相册

9.2　操作方法步骤

用普通的方法插入几十张相片到幻灯片并设置合适的大小、添加边框非常费时费力，用 PPT 强大的相册功能可以轻松制作几十张甚至更多相片的演示文稿。

9.2.1　打开"相册"设置对话框

如图 9-3 所示：①单击"插入"菜单；②单击"相册"下拉按钮；③单击"新建相册"，将弹出"相册"设置对话框。

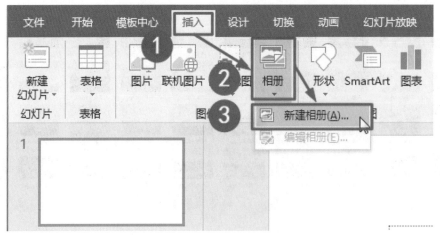

图 9-3　打开"相册"设置对话框

9.2.2 批量插入图片

（1）如图 9-4 所示，单击"文件/磁盘"按钮，将弹出"插入图片"对话框。

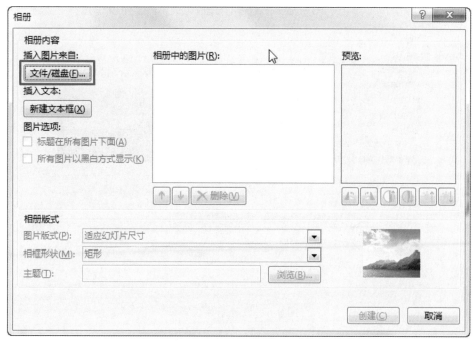

图 9-4　批量插入图片操作步骤一

（2）如图 9-5 所示，在"插入图片"对话框打开图片所在路径，选择所需插入的图片，单击"插入"按钮。

图 9-5　批量插入图片操作步骤二

9.2.3 设置图片版式

根据图片的大小,设置每张幻灯片显示几张图片以及是否需要预留图片配文的文本框。如图 9-6 所示:①单击"图片版式"下拉按钮;②在下拉列表中选择"2 张图片"。

图 9-6 设置图片版式

9.2.4 设置相框形状

如图 9-7 所示:① 单击"相框形状"下拉按钮,在下拉列表中选择自己喜欢的形状,右边可以预览效果, 如选择"简单框架,白色"; ②单击"创建"按钮。

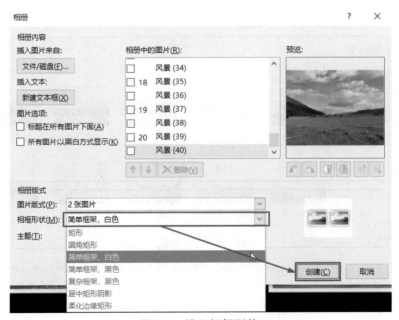

图 9-7 设置相框形状

9.2.5 修改编辑相册

相册创建后还可以进行编辑和修改，如调整图片顺序、增加/删除图片、修改图片版式、修改相框形状等。

1. 打开"编辑相册"对话框

如图 9-8 所示：①单击"插入"菜单；②单击"相册"下拉按钮；③单击"编辑相册"选项将弹出"编辑相册"对话框。

图 9-8　打开"编辑相册"对话框

2. 修改编辑相册内容

如图 9-9 所示：① 单击"文件/磁盘"按钮添加新的图片；② 在中间窗格勾选多张图片后，可以进行移动图片、删除图片等操作；③ 选择单张图片还可以进行旋转图片、调整亮度、调整对比度等操作；④ 可以修改"图片版式"；⑤ 可以修改"相框形状"；⑥根据需要进行以上编辑修改后，点击"更新"按钮，完成修改编辑相册的操作。

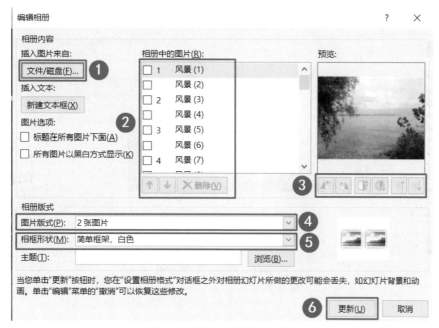

图 9-9　修改编辑相册内容

9.2.6　修改幻灯片背景

创建的相册默认是黑色背景，如果要修改幻灯片背景，可以用以下操作实现。

1. 打开"设置背景格式"窗格

如图 9-10 所示，在任意一张幻灯片的空白处单击鼠标右键，选择"设置背景格式"，将在 PPT 的右边展开"设置背景格式"窗格。

图 9-10　打开"设置背景格式"窗格

2. 修改幻灯片背景

如图 9-11 所示：① 选择一种背景填充方式，这里选择"纯色"中的"白色"；② 单击"应用到全部"按钮，则完成修改背景的操作。

图 9-11　修改幻灯片背景

第10章

PPT 形状图文特技

形状、图片、文字是 PPT 用得最多的元素，为什么别人制作的 PPT 很美观，而自己制作的 PPT 却很普通呢？"编辑顶点"可以让 PPT 原有的"形状"产生更多变化，"形状"与文字、图片、视频都可以进行"合并形状"操作，生成许多意想不到的创意特效，可以为制作 PPT 提供更多帮助。

10.1 编辑顶点基本操作

PPT 中编辑顶点可以将形状进行适当的变形制作出符合自己需要的特殊形状，一些奇奇怪怪的形状和文字就是利用编辑顶点这个简单的基础功能做出来的。

10.1.1 插入一个形状

1. 打开绘制椭圆的命令

下面以插入一个正圆为例进行演示。如图 10-1 所示：① 单击"插入"菜单；② 单击"形状"下拉按钮；③ 单击"基本形状"中的"椭圆"命令。

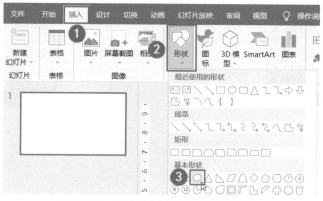

图 10-1 打开绘制形状"椭圆"命令

2. 绘制一个红色轮廓的正圆

如图 10-2 所示：①按下键盘上的 Shift 键不松手；②在幻灯片上合适位置按下鼠标左键拖动，画出一个正圆；③为了方便后面看效果，这里为圆添加"粗细"为"3 磅"、"颜色"为"红色"的轮廓。

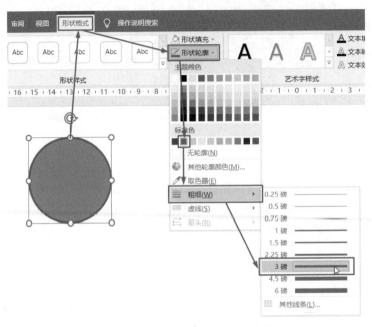

图 10-2　绘制一个红色轮廓的正圆形状

10.1.2　进入编辑顶点

如图 10-3 所示：①在形状上单击鼠标右键；②在弹出的快捷菜单中选择"编辑顶点"；③圆形的四个顶点由空白圆圈变为了实心黑色方块，这四个实心黑色方块就变为了可编辑的顶点。

图 10-3　进入形状编辑顶点状态

10.1.3 对顶点的编辑

1. 平滑顶点

默认顶点类型叫"平滑顶点"，平滑顶点的特点是：①两旋转臂成 180°；②两旋转臂等长，且改变一边长度另一边同等改变。

进入形状编辑顶点状态后，如图 10-4 所示：①直接拖动某个顶点的上下或左右位置，可以改变正圆的形状；②水平拖动拉杆尽头白色方框的长度，可以改变正圆的形状；③倾斜一定角度拖动拉杆尽头白色方框的长度，可以改变正圆的形状。

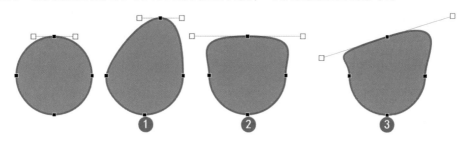

图 10-4　平滑顶点

2. 直线顶点

直线顶点的特点是：① 两旋转臂成 180°；② 两旋转臂不等长，且改变一边长度另一边不发生改变。

进入形状编辑顶点状态后，如图 10-5 所示：① 右键单击某一个顶点，在弹出的快捷菜单中选择"直线点"；② 改变一边的长度，另一边不发生改变；③改变一边的长度和角度，另一边只是角度保持 180°，长度不发生改变。

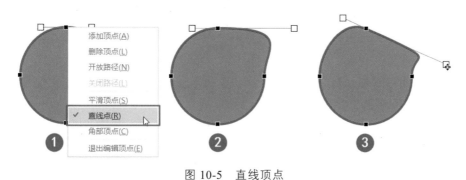

图 10-5　直线顶点

3. 角部顶点

角部顶点的特点是：① 两旋转臂可成任意角度；② 旋转臂可自由伸长或缩短，且改变一边长度和角度不影响另一边。

进入形状编辑顶点状态后，如图 10-6 所示：① 右键单击某一个顶点，在弹出的快捷菜单中选择"角部线点"；② 改变右边旋转臂的长度和角度，左边旋转臂的长度和角度都不发生改变；③ 改变左边旋转臂的长度和角度，右边旋转臂的长度和角度都不发生改变。

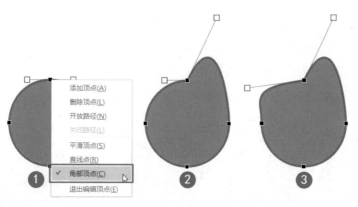

图 10-6 角部顶点

4. 删除顶点

进入形状编辑顶点状态后，如图 10-7 所示：①在形状某个顶点上单击鼠标右键；②在弹出的快捷菜单中选择"删除顶点"命令。

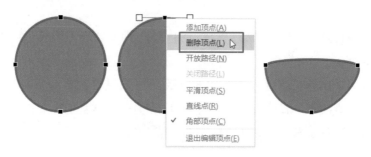

图 10-7 删除顶点

5. 添加顶点

方法一：进入形状编辑顶点状态后，如图 10-8 所示：① 在形状轮廓的某个位置单击鼠标右键；② 在弹出的快捷菜单中选择"添加顶点"命令。

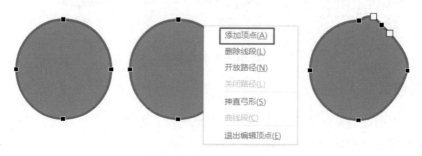

图 10-8 添加顶点方法一

方法二：进入形状编辑顶点状态后，如图 10-9 所示，在轮廓某个位置按下鼠标左键，鼠标左键不松开拖动，则在光标位置添加图形顶点。

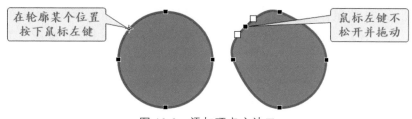

图 10-9　添加顶点方法二

10.1.4　对线段的编辑

1. 开放路径

如图 10-10 所示：① 为了方便观察效果，将形状填充设置为"无填充"；② 进入形状编辑顶点状态后，在圆形轮廓上单击鼠标右键，选择"开放路径"；③ 圆形逆时针方向的顶点开了一个口子，可以拖动开口的顶点控制开口大小和形状，也可以删除开口的一个顶点得到开放路径后的形状。

图 10-10　开放路径

2. 关闭路径

开放后的顶点如果不需要开口，可以进行"关闭路径"的操作。如图 10-11 所示，进入形状编辑顶点状态后：①在圆形轮廓上单击鼠标右键；②在弹出的快捷菜单中选择"关闭路径"。将自动用直线连接开口位置，组成封闭形状。

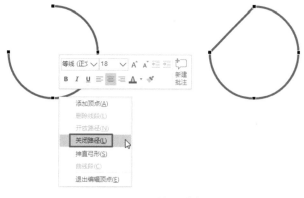

图 10-11　关闭路径

3. 抻直弓形

进入形状编辑顶点状态后，可以将形状两个顶点之间的曲线轮廓变为直线轮廓。如图 10-12 所示：①将鼠标移动到两个顶点之间的轮廓上，单击鼠标右键；②在弹出的快捷菜单中选择"抻直弓形"，因为选择的轮廓是弓形，所以看到"曲线段"命令是灰色的，不可用。此时可以看到两个顶点之间的弓形轮廓变为直线轮廓了。

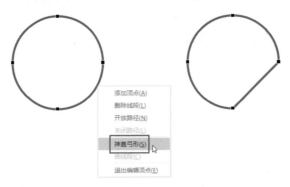

图 10-12　抻直弓形

4. 曲线段

进入形状编辑顶点状态后，可以将形状两个顶点之间的直线轮廓变为曲线轮廓。如图 10-13 所示：①将鼠标移动到两个顶点之间的轮廓上，单击鼠标右键；②在弹出的快捷菜单中选择"曲线段"，因为选择的轮廓是直线，所以看到"抻直弓形"命令是灰色的，不可用。此时可以看到两个顶点之间的直线轮廓变为曲线轮廓了，只不过这时的曲线轮廓与不再是正圆的弧形轮廓了。

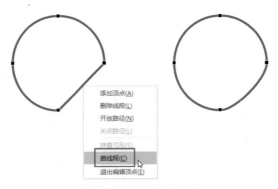

图 10-13　曲线段

10.2　合并形状基本功能

PPT 中那些看起来很复杂的图形都是怎么画出来的呢？PPT 2013 以上版本的"合并形状"功能非常强大，能将简单的基本图形"加加减减"创造出无限种可能，制作出非常棒的效果。

1. 打开合并形状功能选项

如图 10-14 所示：① 同时选择两个以上形状，菜单栏将多出一个"格式"菜单；② 单击"格式"菜单；③ 单击"合并形状"下拉按钮。此时可以看到合并形状有 5 种功能，分别是结合、组合、拆分、相交、剪除。"形状合并" 5 种功能对选择对象的顺序都是有要求的，先选择谁就保留谁的属性。

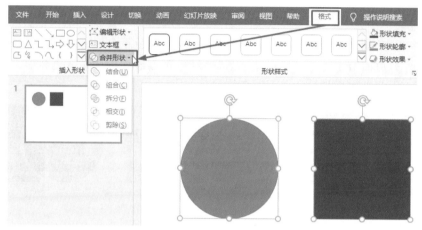

图 10-14　打开合并形状功能选项

在以下四种情况下"合并形状"功能无法使用。

（1）只选中了一个形状；

（2）选中的对象内包含线条；

（3）选中的对象内包含已组合的形状；

（4）选中的对象内全部为图片，没有形状。

2. 结合

如图 10-15 所示：① 先选择蓝色圆形，再选择红色正方形，执行"结合"命令，得到两个形状加一起的蓝色形状；② 先选择红色正方形，再选择蓝色圆形，执行"结合"命令，得到两个形状加一起的红色形状。

图 10-15　结合

3. 组合

如图 10-16 所示：① 先选择蓝色圆形，再选择红色正方形，执行"组合"命令，得到两个形状减去重叠区域的蓝色形状；② 先选择红色正方形，再选择蓝色圆形，执行"组合"命令，得到两个形状减去重叠区域的红色形状。

图 10-16　组合

4. 拆分

如图 10-17 所示：① 先选择蓝色圆形，再选择红色正方形，执行"拆分"命令，得到沿边界打散的若干蓝色形状；② 先选择红色正方形，再选择蓝色圆形，执行"拆分"命令，得到沿边界打散的若干红色形状。

图 10-17　拆分

5. 相交

如图 10-18 所示：①先选择蓝色圆形，再选择红色正方形，执行"相交"命令，得到只保留两形状相交区域的蓝色形状；②先选择红色正方形，再选择蓝色圆形，执行"相交"命令，得到只保留两形状相交区域的红色形状。

图 10-18　相交

6. 剪除

如图 10-19 所示：① 先选择蓝色圆形，再选择红色正方形，执行"剪除"命令，得到蓝色圆形减去红色正方形与其相交部分后的蓝色形状；② 先选择红色正方形，再选择蓝色圆形，执行"剪除"命令，得到红色正方形减去蓝色圆形与其相交部分后的红色形状。

图 10-19　剪除

10.3　快速抠图两种方法

很多图片处理软件都有抠图这一功能，但对于大多数人员来说，使用图片处理软件有一定的难度。其实 PPT 就有很好用的抠图功能，下面介绍 PPT 中两种简单的抠图方法。

10.3.1　设置透明色抠图

这种方式适用于对纯色背景或背景颜色比较单一的图片进行抠图。

1. 打开"设置透明色"命令

如图 10-20 所示：① 选中要抠图的图片；② 单击"图片格式"菜单，单击"颜色"下拉菜单；③ 选择"设置透明色"命令。

图 10-20　打开"设置透明色"命令

2. 执行"设置透明色"命令

如图 10-21 所示，鼠标在图片的背景位置点击，即清除了背景颜色。

图 10-21　执行"设置透明色"命令

第 10 章　PPT 形状图文特技

3. 更换图片背景颜色

此时背景已经被删除，可以将背景换成其他颜色，如红色。如图 10-22 所示：①在图片上单击鼠标右键，在弹出的快捷菜单中选择"设置图片格式"；②在右边的"设置图片格式"列表中，单击最左边个填充图标"填充与线条"；③选择"纯色填充"；④单击颜色右边的下拉按钮，选择"红色"。

图 10-22　更换图片背景颜色

对于背景色比较单一的图片用设置透明色的方法抠图，效果是不错的，但是这个方法存在一个问题，就是当我们要保留的主体有大部分颜色和背景一致或者相似时，就会出现把一部分主体也扣没了。出现这种情况时可以用另一种方法进行抠图。

10.3.2　删除背景抠图

这种方式适用于对纯色背景或背景颜色和要抠的主体颜色对比较强的图片进行抠图。

1. 打开"删除背景"命令

如图 10-23 所示：① 选中要抠图的图片；② 单击"图片格式"=③ 选择"删除背景"命令，将自动增加"背景消除"菜单。

图 10-23　打开"删除背景"命令

2. 优化删除背景区域

紫色区域为要删除的背景，如果背景和主体颜色差别很大，则基本上不用再手工调整。

（1）执行"标记要删除的区域"命令。

如图 10-24 和图 10-25 所示，如果有多余的背景没去掉，可以点击"标记要删除的区域"，然后在要删除的区域画一下，也可以多画几次直到满意为止。

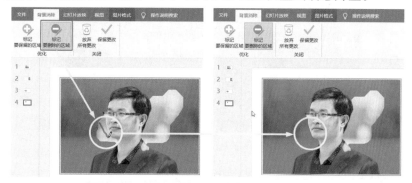

图 10-24 执行"标记要删除的区域"命令一

图 10-25 执行"标记要删除的区域"命令二

（2）执行"标记要保留的区域"命令。

如图 10-26 所示，如果有要保留的主体被删除了，可以点击"标记要保留的区域"，然后在要保留的区域画一下，也可以多画几次直到满意为止。

图 10-26 执行"标记要保留的区域"命令

第 10 章 PPT 形状图文特技

（3）执行"保留更改"命令。

如图 10-27 所示，在幻灯片空白处点击一下或点击"保留更改"按钮便完成了抠图操作，如果要放弃更改，则单击"放弃所有更改按钮"。这时"背景消除"菜单消失，返回"图片格式"菜单。

图 10-27　执行"保留更改"命令

10.4　合并形状拆解文字

在 PPT 中灵活运用形状合并功能，可以制作出属于自己的创意字体。

1. 插入文字并对文字进行调整

如图 10-28 所示，插入"办公技能"几个字，设置字体为"微软雅黑""加粗"，字号为"66"，文本填充色为"红色"，文本边框色为"黑色"。

办公技能

图 10-28　插入文字并对文字进行调整

2. 插入任意形状与文字执行"合并形状"的"拆分"操作

如图 10-29 所示：① 插入一个任意形状，如矩形，放在文字旁边的任意位置；② 先选中文字，再选中矩形，选择"格式"菜单下"合并形状"中的"拆分"命令。执行拆分命令后，文字和形状就沿边界被拆分成了若干独立的形状，并呈选中状态。

图 10-29　插入任意形状与文字执行"合并形状"的"拆分"操作

3. 删除矩形形状和文字多余的部分

如图 10-30 所示：①在幻灯片空白处单击鼠标，退出形状选中状态；②删除矩形形状；③删除文字多余的部分，如删除"能"字左下角两个多余的矩形，如果删除的区域太小不方便选择，可以放大显示比例后再选择。

办公技能

图 10-30　删除矩形形状和文字多余的部分

4. 应用拆解后的文字

（1）对文字的各个部分可填充不同的颜色。

如图 10-31 所示：① 分别选中文字拆分后的各部分；② 单击"格式"菜单，单击"形状填充"下拉按钮，选择自己喜欢的颜色进行填充。

图 10-31　对文字的各个部分可填充不同的颜色

（2）对文字的各个部分可分别编辑顶点变形。

如图 10-32 所示，文字拆解后各个部分都可以分别进行编辑顶点变形操作。

图 10-32　对文字的各个部分可分别编辑顶点变形

（3）对文字的各个部分可分别更换图标。

如图 10-33 所示，文字拆解后各个部分都可以分别更换成与文字意义相关的图标。

图 10-33　对文字的各个部分可分别更换图标

10.5　将图片裁剪为文字

如图 10-34 所示，在 PPT 中有两种方法可以将左边的图片裁剪为右边的文字，两种方法各有优点和不足，大家可以根据实际需要选择使用。

图 10-34　PPT 将图片裁剪为文字效果图

首先准备好要使用的图片和文字。如图 10-35 所示，在幻灯片中插入一张泸县教师进修学校办公大楼的相片，再插入"泸县教师进修学校"几个字，设置字体为"微软雅黑""加粗"，字号为"50"。插入文字有三种方法，一种是插入"文本框"，第二种是插入"艺术字"，第三种是"在形状中插入文字"，选择其中任意一种方法插入文字都可以。

图 10-35　准备好要使用的图片和文字

10.5.1　使用形状合并法将图片裁剪为文字

1. 形状合并法操作步骤

如图 10-36 所示：① 将文字移动到图片上想要填充文字的区域；② 先选中图片，按住 Ctrl 键后再选中文字；③ 单击"形状格式"菜单，单击"合并形状"下拉按钮；④ 选择"相交"命令，得到如图 10-36 右边效果的文字。

图 10-36　使用形状合并法将图片裁剪为文字

2. 形状合并法的优点和不足

1）优点

形状合并法的优点是可以很方便地选择图片的任意区域填充文字，而且不管目标计算机有没有安装相同的字体，显示效果都不会发生改变。

2）不足

形状合并法的不足是图片与文字合并后，文字内容和字体不能再进行修改。

10.5.2　使用文本填充法将图片裁剪为文字

1. 将整张图片填充入文字

1）复制图片到剪贴板

如图 10-37 所示，选中图片，按 "Ctrl+C" 组合键，或按鼠标右键在快捷菜单中选择 "复制"，将图片复制到剪贴板。

图 10-37　复制图片到剪贴板

2）打开"设置形状格式"任务窗格

如图 10-38 所示，在文字上单击鼠标右键，在弹出的快捷菜单中选择"设置形状格式"，将在 PPT 窗口右边弹出"设置形状格式"任务窗格。

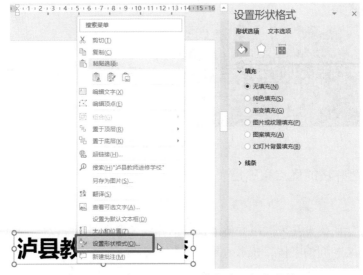

图 10-38　打开"设置形状格式"任务窗格

3）用复制到剪贴板中的图片填充文字

如图 10-39 所示：① 在"设置形状格式"任务窗格中单击"文本选项"；② 点击最左边的"文本填充与轮廓"，点击展开"文本填充"，选择"图片或纹理填充"；③ 单击"剪贴板"按钮，将复制在剪贴板中的图片填充到文字。

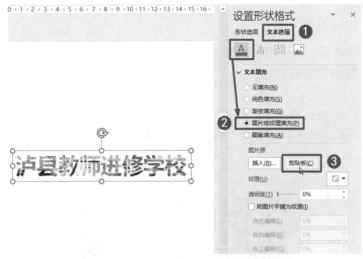

图 10-39　用复制到剪贴板中的图片填充文字

这种方法将图片填充文字后，文字还可以继续编辑，可以增删改文字，可以更改字体、字号等。

2. 将图片部分区域填充入文字

上面的方法是将整张图片填充到文字，如果想只截取图片的部分区域填充文字，可以先将图片按需要填充文字区域的大小进行裁剪，然后再将裁剪后的图片复制到剪贴板，然后填充到文字。

1）查看文字高度和宽度尺寸

如图 10-40 所示，选中文字，单击"形状格式"菜单，查看并记住文字的"高度"和"宽度"尺寸，如这里选中文字的高度为"2.39 厘米"，宽度为"14.76 厘米"。

图 10-40　查看文字高度和宽度尺寸

2）裁剪图片保留与文字高宽相同的指定区域

如图 10-41 所示，选中图片，单击"图片格式"菜单，单击"裁剪"命令，拖动裁剪边框只保留需要填充文字的区域，动态观察裁剪保留的宽高尺寸。也可以在"设置图片格式"任务窗格的"裁剪位置"中直接输入要保留的宽高尺寸，然后在左边拖动图片让要保留的区域进入裁剪框。确定裁剪尺寸和区域后，在幻灯片的空白处单击一下，裁剪生效。

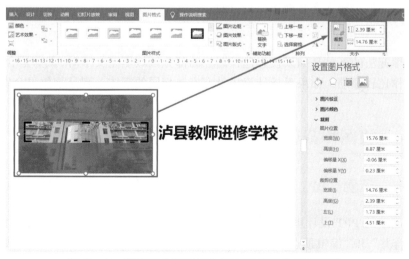

图 10-41　裁剪图片保留与文字高宽相同的指定区域

3）复制裁剪后的图片到剪贴板

如图 10-42 所示，选中图片，按"Ctrl+C"组合键或按右键在快捷菜单中选择"复制"，将图片复制到剪贴板。

图 10-42 复制裁剪后的图片到剪贴板

4）用复制到剪贴板中的图片填充文字

如图 10-43 所示：① 在"设置形状格式"任务窗格中单击"文本选项"；② 点击最左边的"文本填充与轮廓"，点击展开"文本填充"，选择"图片或纹理填充"；③ 单击"剪贴板"按钮，将复制在剪贴板中的图片填充到文字。

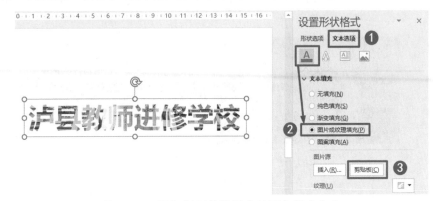

图 10-43 用复制到剪贴板中的图片填充文字

3. 图片填充法的优点和不足

1）优点

图片填充法的优点是填充图片后可以继续增删改文字，并且可以随时修改字体和字号，用整张图片填充文字时操作比较方便。

2）不足

图片填充法的不足是如果仅想选择图片的部分区域填充文字时，裁剪适合文字大小的图片操作比较烦琐；如果目标计算机没有安装相同的字体，则显示效果会发生变化。

10.6 将图片裁剪为形状

10.6.1 示例：PPT 将图片裁剪为自定义形状制作幻灯片封面

很多高端的 PPT 设计里都有很多不规则的自定义创意图片，只要灵活运用 PPT 中的"形状合并"和"编辑顶点"功能，便能制作出各种高端大气的创意效果。如图 10-44 所示，可以应用 PPT 的"形状合并"和"编辑顶点"功能，将左边的图片制作成右边的形状，作为 PPT 封面的配图。

图 10-44　PPT 将图片裁剪为自定义形状制作幻灯片封面

1. 打开"任意多边形"命令

如图 10-45 所示：① 单击"插入"菜单；② 单击"形状"下拉按钮；③ 选择"线条"下面的"任意多边形"命令。

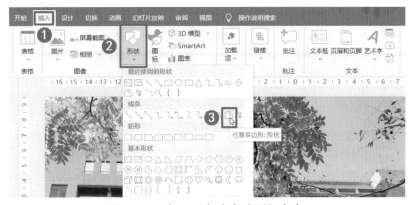

图 10-45　打开"任意多边形"命令

2. 沿着图片右边要去除的内容绘制多边形

如图 10-46 所示，沿着图片右边要去除的内容绘制多边形。

图 10-46　沿着图片右边要去除的内容绘制多边形

3. 用"编辑顶点"功能将要去除的直线边缘变为曲线

如图 10-47 所示：① 选中右边自己绘制的多边形形状；② 单击"形状格式"菜单，选择"编辑形状"下面的"编辑顶点"；③ 可以分别在要去除的边缘某条直线上单击鼠标右键，选择"曲线段"，将直线变为曲线；④ 也可以分别在要去除的边缘某个顶点上单击鼠标右键，选择"平滑顶点"或"直线点"或"角部顶点"，改变手柄控制杆的长度和角度，将直线变为自己想要的曲线效果。

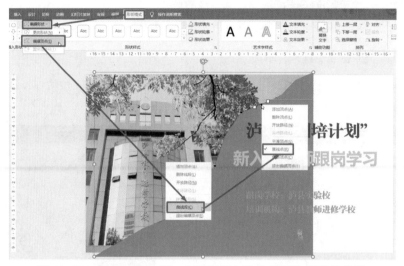

图 10-47 用"编辑顶点"功能将要去除的直线边缘变为曲线

4. 用"合并形状"功能将图片裁剪为自定义形状

如图 10-48 所示：① 先选中图片，再选中要去除的自定义形状；② 在"形状格式"菜单下单击"合并形状"下拉按钮，选择"剪除"命令，即可将图片裁剪为如图 10-49 所示的自定义形状的图片。

图 10-48 用"合并形状"功能将图片裁剪为自定义形状

图 10-49　PPT 合并形状功能将图片裁剪为自定义形状

10.6.2　示例：PPT 将人物底部裁剪与形状重合制作穿插效果

很多高端的 PPT 设计里都有很多穿插效果的创意图片，只要灵活运用 PPT 中的"形状合并"功能，便能制作出各种穿插效果的创意图片。如图 10-50 所示，可以应用 PPT 的"形状合并"功能，将左边的图片制作成右边的效果。

图 10-50　PPT 将人物底部裁剪与形状重合制作穿插效果

1. 利用"删除背景"功能进行人像抠图

如图 10-51 所示：①选中要进行人像抠图的图片，选择"图片格式"菜单下的"删除背景"命令，将自动增加"背景消除"菜单；②紫色区域为要删除的背景，通过"标记要删除的区域"和"标记要保留的区域"命令调整要保留的区域至满意为止；③在幻灯片空白处点击一下或点击"保留更改"按钮便完成人像抠图操作，可得到如图 10-51 右边所示的效果。

图 10-51　PPT 利用"删除背景"功能进行人像抠图

2. 利用"形状合并"裁剪人像图

如图 10-52 所示：① 绘制一个比人像稍大的矩形，放到人像上面；② 先选中人像，再选中矩形；② 在"形状格式"菜单下单击"合并形状"下拉按钮，选择"相交"命令，即可将图片裁剪为如图 10-52 右边所示的效果。

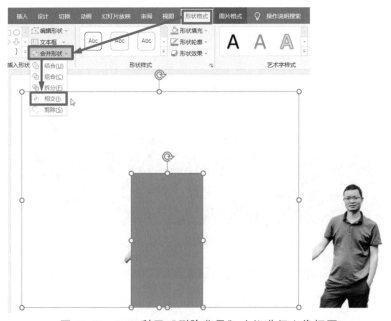

图 10-52　PPT 利用"删除背景"功能进行人像抠图

3. 绘制一个作为人像背景的圆形形状

如图 10-53 所示，绘制一个圆形，也可以绘制其他任意形状，填充喜欢的背景效果，将上面抠图得到的人物图片与绘制的形状重叠摆放，让人物头部露出。

图 10-53　绘制一个作为人像背景的圆形形状

4. 绘制一个矩形剪除先画的圆形形状

如图 10-54 所示：① 复制上一步绘制的圆形；② 绘制一个矩形，与圆形重叠，左右居中对齐；③ 先选中矩形，再选中圆形，选择"形状格式"菜单下 "合并形状"中的"剪除"命令，得到一个新形状。

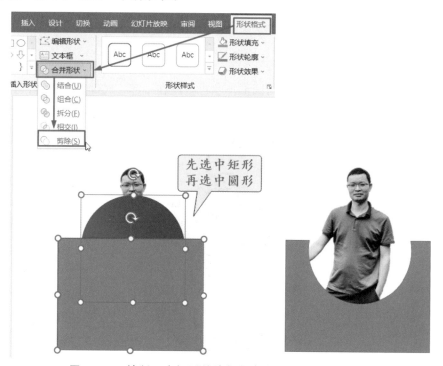

图 10-54　绘制一个矩形剪除复制出来的先画的圆形形状

5. 用人物图片剪除新得到的形状

如图 10-55 所示，① 将上面抠图得到的人物图片与矩形剪除圆形得到的形状重叠，水平居中对齐摆放；② 先选中人物图片，再选中形状；③ 选择"形状格式"菜单下"合并形状"中的"剪除"命令，得到一个底部能与圆形完全重合的人物图片。

181

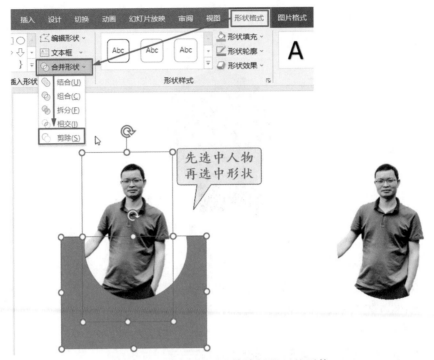

图 10-55　用人物图片剪除新得到的形状

6. 人物与圆形放在一起

如图 10-56 所示，将人物图片与圆形形状重叠放在一起，底部完全重合，就会形成穿插的效果。

图 10-56　人物与圆形放在一起（底部重合）

<blockquote>
第11章

PPT 母版与占位符
</blockquote>

在制作 PPT 时，有时在不同页面的同一位置会放置内容或格式相同的元素，如在相同的位置放置单位的 LOGO，在相同的位置放置字体、字号、颜色相同的标题或正文，在相同的位置放置同样大小和格式的图片等，这些操作都需要不断重复地进行复制、粘贴并设置，费时费力，还不容易做到完全对齐。学会了 PPT 母版与占位符的排版技巧，将瞬间从菜鸟变高手，快速提高 PPT 制作效率。

11.1　母版与版式

母版、版式、幻灯片犹如 PPT 三件套，母版会影响版式，版式会影响幻灯片。在母版上的所有元素，控制着下面所有的版式；下面的每一个版式，控制着使用该版式的所有幻灯片，没有用到的版式可以删除。

11.1.1　幻灯片母版的打开和关闭

1. 幻灯片母版的打开

如图 11-1 所示，单击"视图"菜单，单击"幻灯片母版"，将增加一个"幻灯片母版"菜单，并进入"幻灯片母版"编辑界面。

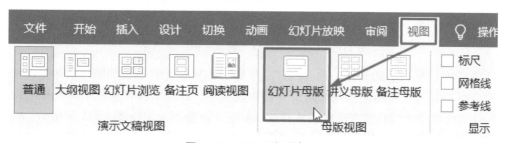

图 11-1　PPT 母版的打开

<blockquote>
183
</blockquote>

2. 幻灯片母版与版式

如图 11-2 所示，进入"幻灯片母版"编辑界面后，左侧窗格中上面最大的那个就是"幻灯片母版"，左侧窗格中下面那些小的就是"幻灯片版式"；在母版上修改任何内容，在版式上都会跟着变化；幻灯片只能直接应用某个版式而不能直接应用母版。

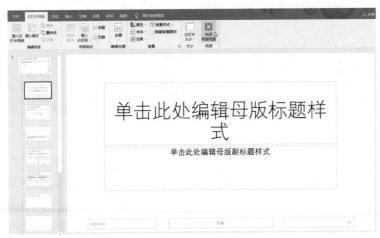

图 11-2　PPT 母版的打开

3. 幻灯片母版的关闭

如图 11-2 所示，在"幻灯片母版"菜单中单击"关闭幻灯片母版"，即退出"幻灯片母版"编辑界面。

11.1.2　幻灯片母版的设计与应用

如图 11-3 所示，《县域国培操作策略》PPT 每页顶端都有泸县教师进修学校的 LOGO 和校训图片，中间每张幻灯片的标题位置和字体、字号都相同。

图 11-3　《县域国培操作策略》PPT 缩略图

要完成上面 PPT 的制作，常规的方法是复制 LOGO 图片和校训图片粘贴到每张幻灯片，复制标题文字粘贴到每张幻灯片再修改文字，这样的操作非常烦琐，如果发现 LOGO 或标题文字的位置或大小需要修改，每一页都要逐一重新修改，费时费力，操作非常不便；如果灵活运用幻灯片母版与版式进行设计，可以做到格式完全统一，修改方便、灵活，制作将非常高效。

1. 幻灯片母版设计

如图 11-4 所示，"幻灯片母版"视图左侧窗格中上面最大的那个就是"幻灯片母版"，在母版上修改任何内容，版式都会跟着变化。因为每一页幻灯片顶端都需要有泸县教师进修学校的 LOGO 和校训图片，所以可以在"母版"中插入 LOGO 和校训图片，设置好大小和位置，然后下面的每张"版式"都会有同样的内容，但在版式页面不能修改母版中内容，只能在"母版"中进行修改。

如果我们设计的母版在幻灯片中没有应用，将不能够保存在文件中，重新打开此文档时该版式将不再存在。此时可以选中需要保存的"母版"，单击"保留"按钮，即使没有使用该母版，该"母版"也能得到保存。

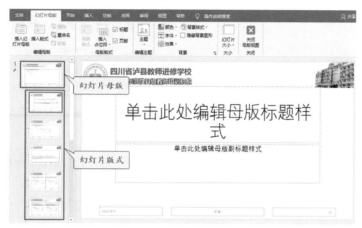

图 11-4 幻灯片母版设计

2. 幻灯片版式设计

根据图 11-3 所示的缩略图效果，PPT 幻灯片的封面、正文、致谢三种页面分别使用了不同的背景图片，我们可以在"幻灯片母版"中设置三种不同的版式。

1）打开"设置背景格式"任务窗格

如图 11-5 所示，选择一个版式作为正文版式进行设计：① 删除版式中不需要的内容；② 插入背景图片，在"幻灯片母版"视图右边的页面中，单击鼠标右键，选择"设置背景格式"，将在窗口右边展开"设置背景格式"任务窗格。

图 11-5 打开"设置背景格式"任务窗格

2）设置"版式"背景图片

如图 11-6 所示：① 在"设置背景格式"任务窗格中"填充"方式中选择"图案或纹理填充"；② 单击"图片源"下面的"插入"按钮，在弹出的"插入图片"对话框中单击"从文件"，然后从本地计算机中选择需要作为背景的图片。

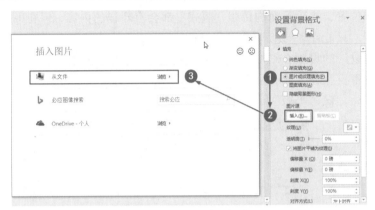

图 11-6　设置版式背景图片

3）重命名"版式"

如图 11-7 所示，可以重命名每张"版式"：① 在"幻灯片母版"视图左边窗格中，右键单击某张版式，选择"重命名版式"；② 在弹出的"重命名版式"对话框中输入版式名称，如可分别命名为"封面幻灯片""正文幻灯片"和"致谢幻灯片"，单击"重命名"按钮立即生效。

幻灯片自带的版式很多，但很多版式是不需要的，这时可以把不需要的版式删除掉，只保留需要的封面页、正文页、致谢页三个版式即可。

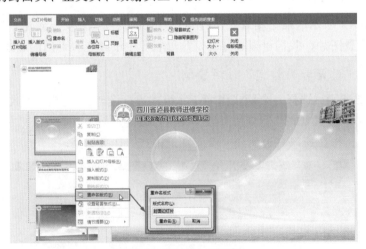

图 11-7　重命名"版式"

3. 调用幻灯片版式

如图 11-8 所示，在 PPT 窗口左边幻灯片缩略图窗格中：① 在某张幻灯片上单击鼠标右键，单击"版式"；② 选择一种版式，当前幻灯片立即应用选中版式的各种效果。

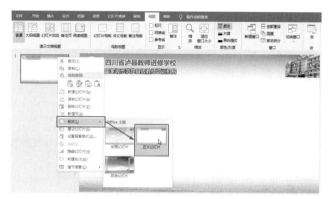

图 11-8　调用幻灯片版式

11.2　图片占位符

"占位符"是 PPT "母版"中的一个神奇功能，包含文本、图片、图表、表格媒体、联机图像以及综合内容等 10 种类型，图片较多的演示文稿使用"图片"占位符设计幻灯片母版，可以极大地提高工作效率。

11.2.1　插入默认形状的图片占位符

1. 插入并设置默认的图片占位符

如图 11-9 所示：① 单击"视图"菜单下的"幻灯片母版"，进入"幻灯片母版"编辑界面；② 在左侧窗格中选择一个版式缩略图，单击"插入占位符"下面的"图片"命令；③ 在右边的幻灯片版式页面中拖动鼠标绘制一个矩形，可精准修改矩形的高度为"10 厘米"，宽度为"15 厘米"；④ 选中绘制的图片占位符，按"Ctrl+D"组合键复制一个出来，将两个图片占位符在页面上水平居中，左右间距相等排列；⑤ 在左侧窗格中右键单击这个版式，选择"重命名版式"，输入版式名称"2 张矩形图片"，按"重命名"按钮确认；⑥ 单击"关闭母版视图"。

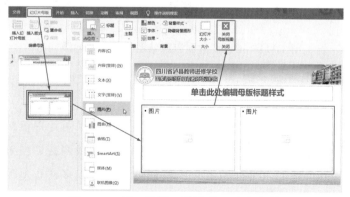

图 11-9　插入并设置默认的图片占位符

2. 调用有默认图片占位符的版式

如图 11-10 所示，在 PPT 窗口左边幻灯片缩略图窗格的空白幻灯片上单击鼠标右键，选择快捷菜单"版式"下的"2 张矩形图片"，当前幻灯片马上变为"2 张矩形图片"版式的演示，等待添加图片。

图 11-10　调用有默认图片占位符的版式

3. 插入图片到有默认图片占位符的版式

如图 11-11 所示，在文件夹中同时选中需要插入当前幻灯片的两张图片，拖动到当前幻灯片，用其他插入图片的任意方法也行，即自动完成了当前页面的图片插入和格式设置。

图 11-11　插入图片到有默认图片占位符的版式

还可以根据需要在母版中设置一张幻灯片插入任意多张矩形图片的版式，可以预留标题或其他内容的位置，如图 11-12 所示。

如插入图片的比例与图片占位符的比例不一致，将对图片进行裁剪，不变形自动填满图片占位符，可以选中图片后执行"裁剪"命令微调裁剪位置；删除当前页面插入的图片可以重新插入另外的图片；新建幻灯片可以多次重复使用"2 张矩形图片"版式。

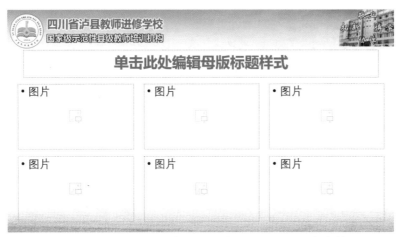

图 11-12　一张幻灯片插入任意多张矩形图片的占位符

11.2.2　更改为内置形状的图片占位符

如图 11-13 所示，插入图片占位符后，默认的图片占位符形状是矩形，可以更改图片占位符为其他 PPT 内置形状，设计出多种 PPT 内置形状的图片占位符版式。

图 11-13　多种 PPT 内置形状的图片占位符版式

1. 在"幻灯片母版"中插入空白"版式"

如图 11-14 所示：① 单击"视图"菜单下的"幻灯片母版"，进入"幻灯片母版"编辑界面；② 在"幻灯片视图菜单"下单击"插入版式"按钮，插入一个空白版式。如果此版式不需要"标题"内容，可以取消"幻灯片视图菜单"下"标题"的复选框。

图 11-14　在"幻灯片母版"中插入空白"版式"

2. 插入默认形状的图片占位符

如图 11-15 所示：① 在"幻灯片母版"菜单下单击"插入占位符"下面的"图片"命令；② 在当前幻灯片版式页面中拖动鼠标，绘制出一个默认形状的矩形图片占位符，自动跳转到"形状格式"菜单。

图 11-15　插入默认图片占位符

3. 更改默认形状的图片占位符为其他内置形状

如图 11-16 所示：① 单击"形状格式"菜单下的"编辑形状"下拉按钮，选择"更改形状"下自己想要选择的图形，如"椭圆形"；② 设置图片占位符的宽高尺寸，如宽度为"10 厘米"，高度为"10 厘米"；③ 为了更清楚地看到更改后的形状，为图片占位符填充一个颜色，如"浅灰色"；④ 选中设置好的图片占位符，按"Ctrl+D"复制两个出来，将三个图片占位符在页面上水平居中，左右间距相等排列。

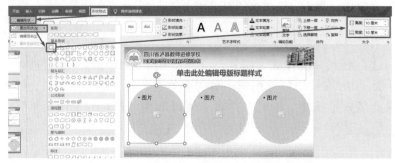

图 11-16　更改默认形状的图片占位符为其他内置形状

4. 批量插入图片到有图片占位符的版式

在一张幻灯片版式里设置好多个图片占位符后，只需要一次性插入与图片占位符数量的相等相片，就可以自动显示预先设置好的位置、大小和格式，不用再一张张图片手动调整。如图 11-17 所示，在文件夹中同时选中需要插入当前幻灯片的三张图片，拖动到当前幻灯片，用其他插入图片的任意方法也行，即自动完成了当前页面的图片插入和格式设置。

图 11-17　批量插入图片到有图片占位符的版式

若插入图片的比例与图片占位符的比例不一致，将对图片进行裁剪，不变形自动填满图片占位符，可以选中图片后执行"裁剪"命令微调裁剪位置；删除当前页面插入的图片可以重新插入新的图片；新建幻灯片可以多次重复使用当前版式。

11.2.3　合并形状后创意的图片占位符

除了上面可以插入"默认形状的图片占位符"或插入修改为其他"内置形状的图片占位符"进行幻灯片版式设计外，还可以利用"图片占位符"与"合并形状"功能做出更有创意的"图片占位符"。如图 11-18 所示，四张幻灯片都是调用了具有"合并形状的图片占位符"的版式的效果，其中第二排的显示器和手机屏幕图片作为画册的相框，通过形状合并功能绘制出与屏幕形状相同的图片占位符，会产生比较生动和立体的效果。

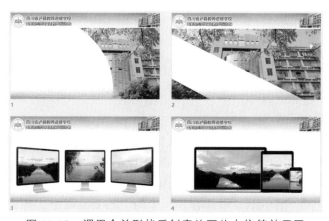

图 11-18　调用合并形状后创意的图片占位符效果图

1. 合并形状的图片占位符制作示例一

1）绘制一个矩形和一个椭圆

如图 11-19 所示，插入一个矩形形状，插入一个椭圆形状，旋转椭圆形状与矩形重叠放置。

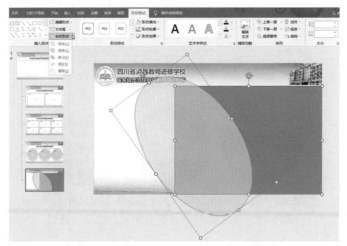

图 11-19　绘制一个矩形和一个椭圆

2）矩形与椭圆进行"形状合并"操作

如图 11-20 所示，先选中矩形，再按住 Shift 键不松手选中椭圆形；选择"形状格式"菜单下"形状合并"中的"剪除"命令。

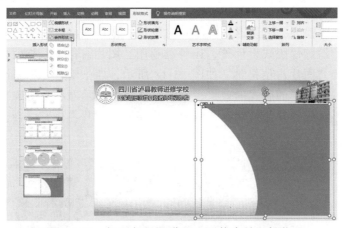

图 11-20　矩形与椭圆进行"形状合并"操作

3）运用形状合并制作"创意图片占位符"

如图 11-21 所示：① 选择"幻灯片母版"下"插入占位符"中的"图片"命令，绘制一个比上一步制作的创意形状稍大的图片占位符，将图片占位符置于底层，方便选择；② 先选中图片占位符，再按下 Shift 键不松手选中上一步绘制的创意形状；③ 选择"形状格式"菜单下"形状合并"中的"相交"命令，即完成了创意形状的图片占位符。

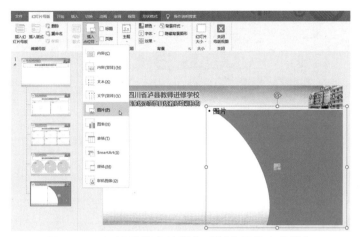

图 11-21 运用形状合并制作"创意图片占位符"

4）为创意图片占位符填充一个浅灰色

如图 11-22 所示，为了能直观地看到创意的图片占位符形状，可以为图片占位符设置一个灰色的填充颜色。先选中"图片占位符"，再选择"形状格式"菜单下"形状填充"中的一个灰色颜色。在为演示文稿封面或其他栏目进行版式设计时，调用此版式的幻灯片插入图片，即可自动不变形地裁剪为预设的图片占位符形状和格式。

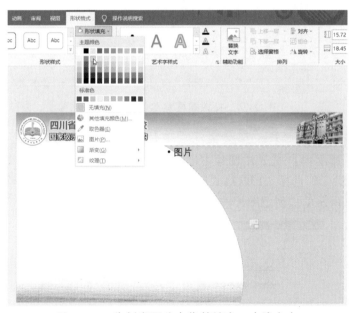

图 11-22 为创意图片占位符填充一个浅灰色

2. 合并形状的图片占位符制作示例二

1）插入默认图片占位符

如图 11-23 所示，选择"幻灯片母版"下"插入占位符"中的"图片"命令，绘制一个与幻灯片等宽的矩形图片占位符。

图 11-23　插入默认图片占位符

2）插入需要剪除的任意多边形

如图 11-24 所示，插入一个任意多边形，在图片占位符上绘制一个需要剪除的形状。

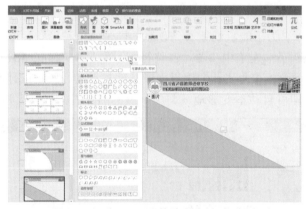

图 11-24　插入需要剪除的任意多边形

3）运用形状合并制作"创意图片占位符"

如图 11-25 所示：① 先选中图片占位符，按下 Shift 键不松手再选中上一步绘制的任意多边形形状；② 选择"形状格式"菜单下"形状合并"中的"剪除"命令，即完成了如图 11-26 所示的"创意图片占位符"的制作。

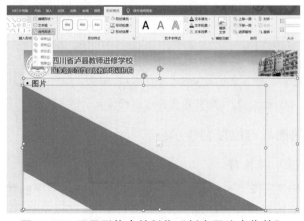

图 11-25　运用形状合并制作"创意图片占位符"

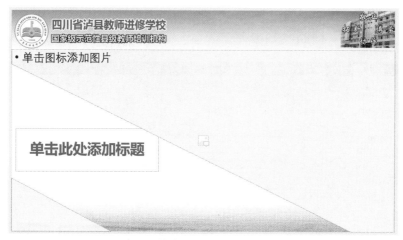

图 11-26　运用形状合并制作的"创意图片占位符"

　　如图 11-27 所示，调用此版式的幻灯片插入图片，即可自动不变形地裁剪为创意图片占位符形状和格式，可以作为演示文稿封面或其他栏目的版式设计。

图 11-27　调用运用形状合并制作的"创意图片占位符"

3. 合并形状的图片占位符制作示例三

1）插入作为相框背景的图片

在 PPT 的"幻灯片母版"菜单下，插入如图 11-28 所示的图片作为相框背景的版式。

图 11-28　插入作为相框背景的图片

2）用"任意多边形"工具绘制相框形状

如图 11-29 所示，插入任意多边形，分别沿画框内部边缘绘制不同的形状。

图 11-29　用"任意多边形"工具绘制相框形状 1

如图 11-30 所示，在"幻灯片母版"菜单下，选择"插入占位符"下的"图片"命令，分别插入比上一步绘制的三个任意多边形形状稍大的图片占位符。

图 11-30　用"任意多边形"工具绘制相框形状 2

3）运用形状合并制作"创意图片占位符"

如图 11-31 所示，分别同时选择每个画框上面的图片占位符和形状，选择"形状格式"菜单下"形状合并"中的"相交"命令，即完成了创意形状的图片占位符。

图 11-31 运用形状合并制作"创意图片占位符"

4）调用具有"创意图片占位符"的幻灯片版式

调用此版式的幻灯片插入图片，即可自动不变形地裁剪为预设的图片占位符形状和格式。调用如图 11-32 所示具有"创意图片占位符"的幻灯片版式，批量插入 3 张图片，即得到如图 11-33 所示的效果。

灵活运用"形状合并""编辑顶点"工具和"图片占位符""文本占位符"元素，可以设计出非常高大上的幻灯片版式，大幅度提高演示文稿的制作效率和专业水平。

图 11-32 具有"创意图片占位符"的幻灯片版式空白效果

图 11-33　调用具有"创意图片占位符"的幻灯片版式显示效果

第12章

PPT 触发器动画

普通的 PPT 演示文稿，其播放顺序是固定的，在一定程度上影响了演示文稿的交互性。触发器是 PPT 自带的功能，运用触发器功能制作具有交互功能的课件，可以实现互动教学，让课件变"展示"为"互动"。

12.1 制作交互选择题

可以利用 PPT 触发器制作交互式选择题答题课件，将每个选项都设置为反馈是否选对或选项解析的触发器，实现互动教学。反馈是否选对或选项解析的对象的类型可以是文本、图片或声音，巧用 PPT 触发器制作交互课件，可以创造更精彩的课堂活动。

图 12-1 所示为一道初中语文常见的单选题型，下列加下划线的字注音和字形全部正确的一项是哪一项，可以请一名学生来回答，当学生说他选择哪个选项时，就可以点击一下那个选项。如果回答正确，幻灯片上就马上出现这个选项正确的符号反馈"√"和文本反馈"恭喜你答对了"；如果回答错误，幻灯片上就马上出现这个选项错误的符号反馈"×"，这时可以先请其他同学补充错在什么地方，然后再次点击该选项，就继续出现这个选项的文本解析，说明错误的具体内容是什么。

图 12-1　PPT 使用触发器制作的交互选择题

这个实例用到了"触发器动画",当我们点击某个选项的时候,就触发了这个选项后面的判断正误和选项解析的动画,具体的制作方法和步骤如下。

12.1.1 插入题目和选项解析内容

如图 12-2 所示,在幻灯片中插入单选题内容和各个选项解析内容。

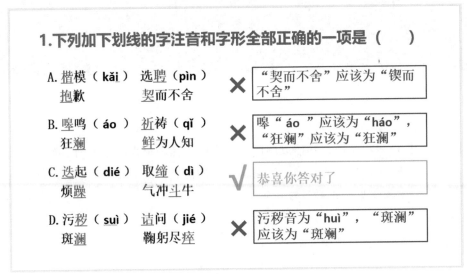

图 12-2 插入题目和选项解析内容

12.1.2 为选项反馈内容添加动画

1. 为一个对象添加"缩放"动画效果

如图 12-3 所示,选中 A 选项后面的"×";选择"动画"菜单下"添加动画"中的"缩放"动画。

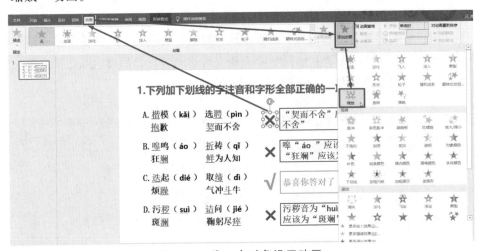

图 12-3 为一个对象设置动画

2. 用"动画刷"为其他对象设置动画

如图 12-4 所示，在"动画"菜单下选中"动画窗格"，将在窗口右边展开"动画窗格"；选中添加了"缩放"动画的 A 选项后面的"×"，双击"动画"菜单下的"动画刷"；依次单击 A、B、C、D 选项后面的"×""√"和选项解析的文本框，可以在右边的"动画窗格"中看到已经为相应对象添加了相同的动画，再次单击"动画刷"按钮则退出"动画刷"功能。

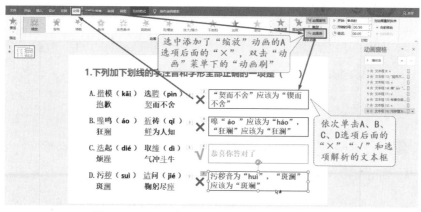

图 12-4 用"动画刷"为其他对象设置动画

12.1.3 为触发器对象重命名

1. 打开"选择窗格"

如图 12-5 所示，为了准确地选择各个选项反馈内容动画的触发器对象，在"开始"菜单下"选择"下拉列表中单击"选择窗格"，这时在左边选中哪个对象，右边"选择"窗格中当前对象就呈深色选中状态。

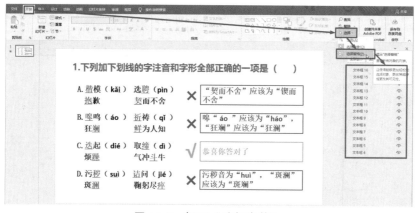

图 12-5 打开"选择窗格"

2. 在"选择窗格"为作为触发器的 A、B、C、D 四个选项重命名

如图 12-6 所示：①在幻灯片中选中 A 选项，我们看到右边"选择"窗格中"文本

框 5"呈深色选中状态,说明 A 选项这个对象当前在 PPT 中的名称就为"文本框 5";②反之,我们在右边的"选择"窗格中单击某个选项(如"文本框 8"),左边的幻灯片中就有对应的一个对象(如 D 选项)四周出现方框和圆圈呈选中状态,说明当前名称为"文本框 8"的对象就是选项 D;③ 在右边的"选择"窗格中双击某名称,进入编辑状态,可以对当前对象进行重命名操作,这里对四个选项分别重命名为"A""B""C""D"。

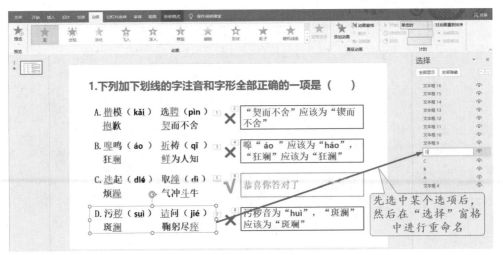

图 12-6 在"选择窗格"为触发器对象重命名

12.1.4 为选项反馈动画添加触发器

如图 12-7 所示:① 同时选中 A 选项正误判断的"×"和选项解析的文本框;② 在"动画"菜单下单击"触发"下拉按钮;③ 选择"通过单击"下的"A",即为 A 的选项解析动画添加了触发器;④ 用同样的方法为 B、C、D 的选项解析动画添加触发器。

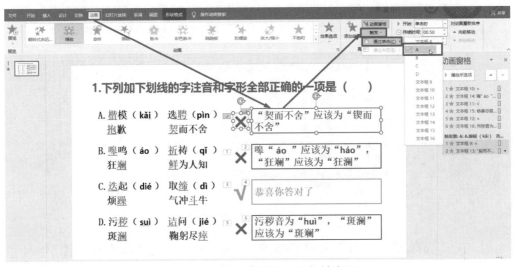

图 12-7 为选项解析动画添加触发器

12.2　制作竞答选题板

如图 12-8 所示，利用 PPT 触发器还可以制作竞答选题板。

答题板页面具有两个功能，一是竞答时学生选择任意序号的题目，教师在选题板上点击该序号后自动跳转到相应题目的页面；二是该题目回答完毕返回答题板时，该题目从答题板消失。

单选题页面具有两个功能，一是不管学生选择哪个选项，都将反馈该选项是否正确以及对错误内容给出选项解析；二是每个单选题页面有一个"返回选题板"按钮可以返回到选题板。

图 12-8　PPT 使用触发器制作的竞答选题板

PPT 使用触发器制作竞答选题板的具体制作方法和步骤如下。

12.2.1　绘制"选题板"页面按钮页面

如图 12-9 所示：①制作与题目数量相同的选题按钮，在选题按钮上填上题目序号；②添加一个"结束"按钮，用于退出幻灯片演示。

图 12-9　PPT 绘制"选题板"页面按钮页面

12.2.2 应用"超链接"制作"返回选题板"母版版式

1. 在"幻灯片母版"视图中制作"返回选题板"按钮

如图 12-10 所示：① 在"视图"菜单中单击"幻灯片母版"按钮，进入"幻灯片母版"视图；② 在"插入"菜单中插入一个圆角矩形，填充色设置为红色；③ 在"形状格式"菜单"形状效果"下的"预设"中选择"预设 1"。

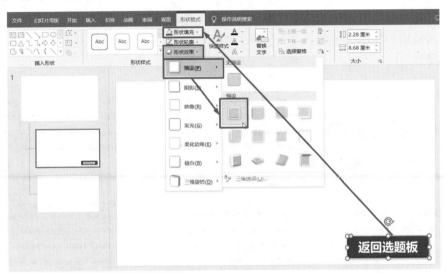

图 12-10 在"幻灯片母版"视图中制作"返回选题板"按钮

2. 在"幻灯片母版"为"返回选题板"按钮插入超链接

如图 12-11 所示：① 选中"返回选题板"按钮，单击"插入"菜单中"链接"按钮；② 在弹出的"插入超链接"对话框左边窗格单击"本文档中的位置"；③ 在"插入超链接"对话框中间窗格选择选题板所在的页面"1.幻灯片 1"；④ 单击"确定"按钮退出并生效，后面调用此版式的幻灯片都自动有了这个单击操作可以返回到"选题板"的按钮。

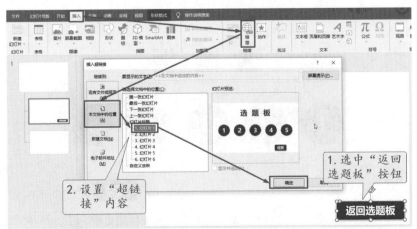

图 12-11 在"幻灯片母版"为"返回选题板"按钮插入超链接

3. 在"幻灯片母版"视图中取消"单击鼠标时"换片方式

为了保证答题页面只有单击"返回选题板"才产生页面跳转，单击页面空白处不发生跳转，需要取消"单击鼠标时"的换片方式。如图 12-12 所示：① 不关闭"母版视图"，点击"切换"菜单；② 在"换片方式"下取消"单击鼠标时"前面的复选框。

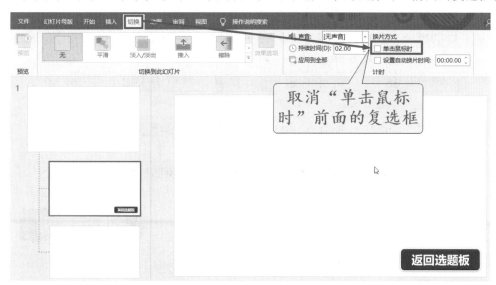

图 12-12　取消"单击鼠标时"换片方式

12.2.3　应用"触发器"制作"题目及答题反馈"页面

1. 调用具有"返回选题板"按钮的幻灯片版式

如图 12-13 所示，在新插入的空白幻灯片上单击鼠标右键；在弹出的快捷菜单中选择"返回按钮版式"。

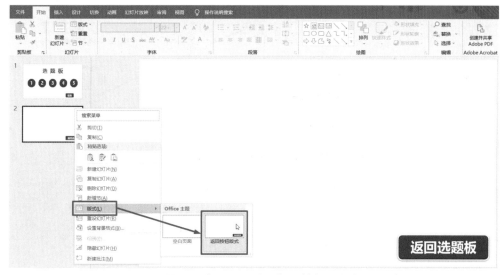

图 12-13　调用具有"返回选题板"按钮的幻灯片版式

2. 插入题目及选项反馈内容

如图 12-14 所示，在幻灯片中插入单选题内容和各个选项解析内容。

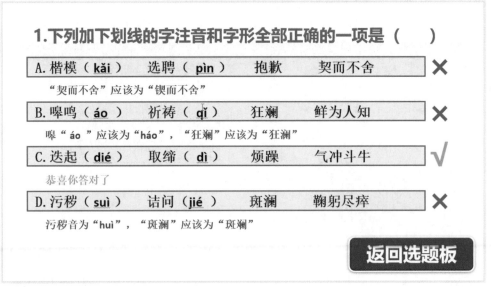

图 12-14 插入题目和选项解析内容

3. 为选项反馈内容添加动画

1）为"×""√"添加"缩放"动画

如图 12-15 所示：① 同时选中四个选项后面反馈正误的"×"或"√"；② 单击"动画"菜单下的"缩放"；③ 选中"动画"菜单下的"动画窗格"；④ 在"动画窗格"中同时选中"×"或"√"，单击右下角向下的三角形，选择"单击开始"。

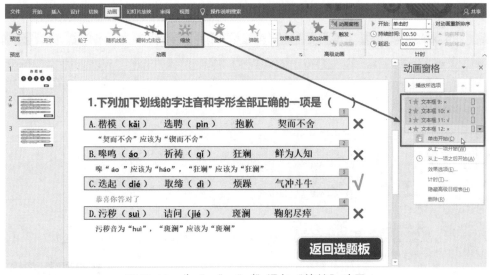

图 12-15 为"×""√"添加"缩放"动画

2）为"选项解析内容"添加"擦除"动画

如图 12-16 所示：①同时选中四个选项下面的"选项解析内容"；②单击"动画"菜单下的"擦除"；③在"动画窗格"中同时选中刚刚插入的四个动画，单击右下角向下的三角形，选择"单击开始"。

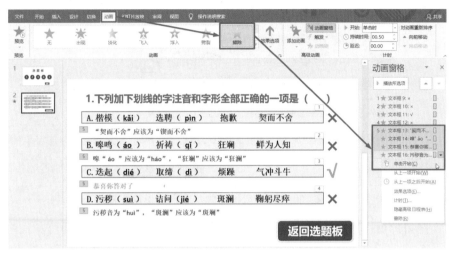

图 12-16　为"选项解析内容"添加"擦除"动画

4. 为选项解析动画添加触发器

1）在"选择窗格"为作为触发器的 A、B、C、D 四个选项重命名

如图 12-17 所示：①在"开始"菜单"选择"下拉列表中单击"选择窗格"；②在幻灯片中选中 A 选项，双击右边"选择窗格"呈深色选中状态的对象名称，重命名为"A"，以此类推对四个选项分别重命名为"A""B""C""D"。

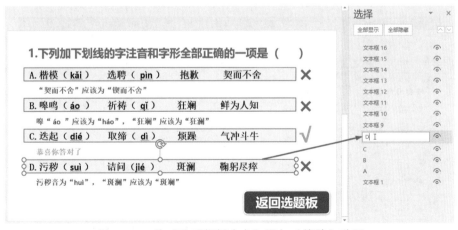

图 12-17　为"选项解析内容"添加"擦除"动画

2）为选项反馈动画添加触发器

如图 12-18 所示：① 同时选中 A 选项正误判断的"×"和选项解析的文本框；② 在"动画"菜单下单击"触发"下拉按钮；③ 选择"通过单击"下的"A"，即为

207

A 的选项解析动画添加了触发器；④ 用同样的方法为 B、C、D 的选项解析动画添加触发器。

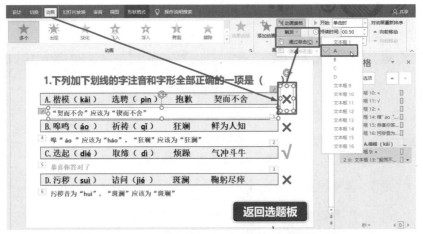

图 12-18 为"选项解析内容"添加"擦除"动画

后面题目的页面通过复制此页面再修改题目内容和选项反馈内容即可。

12.2.4 应用"触发器"设置"选题板"功能

1. 为每个选题按钮添加"超链接"

如图 12-19 所示：① 选中 1 个选题按钮，单击"插入"菜单中"链接"按钮；② 在弹出的"插入超链接"对话框左边窗格单击"本文档中的位置"；③ 在"插入超链接"对话框中间窗格选择第 1 题所在的页面"2.幻灯片 2"；④ 单击"确定"按钮退出并生效。以此类推，为其他选题按钮添加相应的超链接。

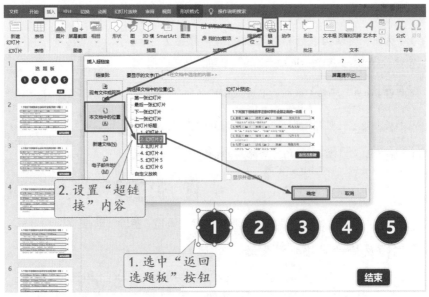

图 12-19 为每个选题按钮添加"超链接"

2. 取消选题板页面"单击鼠标时"换片方式

为了保证"选题板"页面只有单击"选题按钮"才产生页面跳转，单击页面空白处不发生跳转，我们需要取消"单击鼠标时"的换片方式。如图 12-20 所示：① 点击"切换"菜单；② 在"换片方式"下取消"单击鼠标时"前面的复选框。

图 12-20　取消选题板页面　"单击鼠标时"换片方式

3. 为每个选题按钮添加"退出动画"

为了让每个选题按钮被使用后从选题板上消失，我们为每个选题按钮添加"退出动画"。如图 12-21 所示：① 选择一个选题按钮，单击"动画"菜单；② 在"退出"窗格中选择一种退出动画方式，如"缩放"；③ 选中已经设置好退出动画的选题按钮，双击"动画刷"按钮；④ 在其他选题按钮上单击，即为其他选题按钮添加同样的退出动画；⑤ 单击"动画刷"按钮，关闭"动画刷"选中状态。

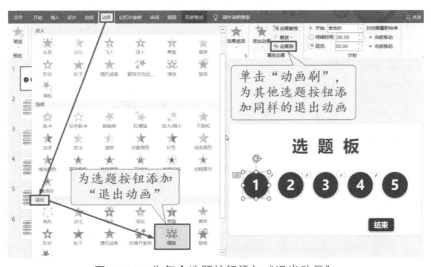

图 12-21　为每个选题按钮添加"退出动画"

第 12 章　PPT 触发器动画

4. 为每个选题按钮的"退出动画"添加"触发器"

为了保证选题按钮的"退出动画"只有单击当前按钮才反应，单击其他地方不反应，需要为每个选题按钮的"退出动画"添加"触发器"。如图 12-22 所示：① 在"开始"菜单下"选择"下拉列表中单击"选择窗格"；② 选中第 1 题的选题按钮，在"选择"窗格中查看到第 1 题选题按钮的对象名称为"椭圆 3"；③ 在"动画"菜单下"触发"中"通过单击"下拉列表中选择"椭圆 3"，即为第 1 题选题按钮的退出动画添加上了触发器。以此类推，为其他选题按钮的退出动画依次添加触发器。

图 12-22　为每个选题按钮的"退出动画"添加"触发器"

5. 为"结束"按钮插入"结束放映"的"动作"事件

因为单击每张幻灯片空白处都没有反应，不能自动退出播放状态，所以需要添加一个按钮设置"结束放映"功能。如图 12-23 所示：①选中"结束"按钮；②在"插入"菜单下单击"动作"按钮；③在弹出的对话框"单击鼠标的动作"选择"超链接到""结束放映"，单击"确定"按钮。

图 12-23　为"退出"按钮插入"结束放映"的"动作"事件

参考文献

[1] EXCEL HOME. EXCEL 函数与公式实战技巧精粹[M]. 北京：人民邮电出版社，2008.

[2] 伍昊. 你早该这么玩 Excel[M]. 北京：北京大学出版社，2011.

[3] 熊野整. 为什么精英都是 Excel 控[M]. 长沙：湖南文艺出版社，2017.

[4] JOHN WALKENBACH. 中文版 Excel 2016 宝典[M]. 9 版. 北京：清华大学出版社，2016.

[5] 宋翔. Word 排版之道[M]. 北京：电子工业出版社，2009.

[6] 宋翔. Word 排版技术大全[M]. 北京：人民邮电出版社，2018.

[7] EXCEL HOME. Word 实战技巧精粹[M]. 北京：人民邮电出版社，2008.

[8] 姜岭. PowerPoint 2007 现代商务幻灯片制作从入门到精通[M]. 北京：北京科海电子出版社，2009.

[9] 蔡振原. PPT 设计之道[M]. 北京：清华大学出版社，2017.

[10] 邵云蛟. PPT 设计思维：教你又好又快搞定幻灯片[M]. 北京：电子工业出版社，2016.